膨胀岩渠坡灾害防治技术与工程实践

高　英　翟渊军　赵廷华
闫汝华　　　　　魏家红　编著

黄河水利出版社
·郑州·

内容提要

本书是论述南水北调中线工程总干渠膨胀岩渠坡处理的专著。全书概括介绍了总干渠沿线膨胀岩的分布、成因、成岩特征及基本物理力学特性，结合国家“十一五”科技支撑计划课题之一——新乡潞王坟试验段膨胀岩渠坡处理现场原型试验，对工程建设中遇到的膨胀岩渠坡变形破坏特点及稳定分析方法进行了探讨和阐述；对膨胀岩不同渠坡处理措施的施工工艺、施工检测标准、质量控制要点、投资分析等进行了着重论述；并通过原位监测数据与理论分析计算，逐一分析了膨胀岩渠坡不同处理措施的处理效果和适用条件，为南水北调工程及同类工程膨胀岩渠坡处理提供了有力依据和技术指导。此外，本书还概略地介绍了膨胀岩渠坡施工的总体技术要求、施工期安全监测及发生滑坡的预警和处理方法。

本书可供从事各类工程的设计和施工技术人员及大专院校岩土工程专业的师生参考。

图书在版编目(CIP)数据

膨胀岩渠坡灾害防治技术与工程实践/高英等编著．郑州：黄河水利出版社，2011.2

ISBN 978-7-80734-984-6

Ⅰ.①膨… Ⅱ.①高… Ⅲ.①南水北调-水利工程-膨胀性-岩石-渠道-灾害防治-研究 Ⅳ.①TV682

中国版本图书馆 CIP 数据核字(2011)第 008800 号

出 版 社：黄河水利出版社

地址：河南省郑州市顺河路黄委会综合楼 14 层　　邮政编码：450003

发行单位：黄河水利出版社

发行部电话：0371-66026940、66020550、66028024、66022620(传真)

E-mail：hhslcbs@126.com

承印单位：黄河水利委员会印刷厂

开本：787mm×1 092mm　1/16

印张：11.5

字数：220 千字　　印数：1—1 000

版次：2011 年 2 月第 1 版　　印次：2011 年 2 月第 1 次印刷

定价：28.00 元

前言

南水北调工程是迄今为止我国在建的最大调水工程，该工程线路长 1 427. 17 km，渠道沿线地质条件复杂，其中穿越膨胀岩渠段累计长约 131 km，膨胀岩因其特殊的工程性质，易造成渠道边坡失稳，对工程的安全运行产生严重危害，是南水北调中线工程的主要技术问题之一。

在水利工程中，对膨胀岩的大规模研究工作始于 20 世纪 60 年代初。已有研究和观测表明，膨胀岩边坡的破坏失稳与一般土质边坡的失稳情况不尽相同，膨胀岩边坡在无不利结构面的条件下多表现为牵引式、渐进性、浅层滑动破坏特征，与一般土质边坡的圆弧形滑动有很大的区别，有些大滑坡甚至在 1∶6的平缓渠坡上出现。虽然从 20 世纪 60 年代初开始，长江水利委员会及渠道沿线相关各省的勘察、设计、科研部门针对膨胀岩问题做过许多研究工作，但主要是对膨胀岩的物理化学特性、力学特性、胀缩变形机制的研究，工程措施相对研究得较少。虽然对工程危害及工程处理措施等积累了一定的认识，但这些经验和认识多停留在基本性质的研究阶段，工程实践经验较少，特别是对南水北调中线工程这种大规模的输水渠道，工程处理措施的可靠性、经济合理性及施工工艺控制等方面，欠缺有针对性的研究，处理效果的可靠性也缺乏必要的比较和现场施工检验。

鉴于南水北调工程膨胀岩渠坡处理措施在目前设计工作中存在的问题，经过对总干渠沿线膨胀岩的分布、岩性、结构类型、成岩程度、水文地质条件及场地环境方面等综合比较，选择河南省新乡潞王坟段为典型进行膨胀岩渠坡处理现场原型试验，开展膨胀岩渠坡破坏机制分析，进行不同处理措施及防护措施的施工研究。通过现场原型试验，提出安全可靠、经济合理的处理措施及施工方法，指导设计和施工，对于解决膨胀岩边坡稳定问题、保证工程安全运行具有实际意义。

本书作者参与了南水北调中线工程膨胀岩渠坡的设计工作和新乡潞王坟膨胀岩渠坡处理现场原型试验研究工作的全过程，对工程建设中存在的重点问题进行了分析和总结，书中重点突出工程应用，对膨胀岩的分布、成因、基本物理力学特性、分类及判别等方面只作了一般性的分析，重点阐述了膨胀岩渠坡处理及防护措施的施工方法和技术实践。全书自始至终贯彻工程实践与应用，旨在为工程设计及施工人员提供具体的参考和帮助。

全书共分9章,其中第1、2、5章由高英编写,第3、4章由翟渊军编写,第6、7、9章由赵廷华和闫汝华编写,第8章由魏家红编写。全书由高英策划和拟定编写提纲,赵廷华协助统稿和校阅订正。

在本书编写过程中,得到了长江水利委员会长江科学院、河南省南水北调中线工程建设管理局新乡建设管理处、河南省水利第一工程局、河南省水利勘测有限公司、河海大学等合作单位的悉心指导和大力支持,在此一并致谢。

水利工程膨胀岩渠坡处理是一个在基础理论、试验方法和工程技术上均有待于进一步研究和发展的工程领域,由于本书作者水平有限,书中难免有不当之处,敬请读者批评指正。

作 者

2010年8月

目 录

前 言
第1章 绪 论 …………………………………………………………… (1)
1.1 膨胀岩的工程危害 …………………………………………… (1)
1.2 勘察、设计的工作难点 ………………………………………… (2)
1.3 工程实践 ……………………………………………………… (4)
第2章 膨胀岩概况 ……………………………………………………… (5)
2.1 膨胀岩的分布与成因 …………………………………………… (5)
2.2 膨胀岩的矿物组成及微观结构 ………………………………… (10)
2.3 膨胀岩的结构特征及工程特性 ………………………………… (14)
2.4 膨胀岩的判别与分类 …………………………………………… (36)
第3章 膨胀岩渠坡的变形破坏特点与稳定分析 ……………………… (43)
3.1 膨胀岩渠坡失稳模式 …………………………………………… (43)
3.2 膨胀岩渠坡滑坡的地带特征 …………………………………… (47)
3.3 膨胀岩强度特点及参数取值原则 ……………………………… (48)
3.4 膨胀岩渠坡稳定分析方法 ……………………………………… (49)
3.5 膨胀力的考虑方法 ……………………………………………… (52)
3.6 膨胀岩渠坡破坏稳定分析实例 ………………………………… (53)
第4章 膨胀岩渠坡防治工程设计 ……………………………………… (59)
4.1 膨胀岩边坡防护与治理技术现状 ……………………………… (59)
4.2 膨胀岩渠坡防治工程设计原则 ………………………………… (63)
4.3 膨胀岩渠坡的防治工程分类 …………………………………… (64)
第5章 膨胀岩渠坡防治工程处理措施 ………………………………… (67)
5.1 土工格栅处理措施 ……………………………………………… (67)
5.2 土工袋处理措施 ………………………………………………… (79)
5.3 换填黏性土处理措施 …………………………………………… (88)
5.4 复合土工膜处理措施 …………………………………………… (91)
5.5 改性土(水泥土)处理措施 ……………………………………… (103)
5.6 实践总结 ………………………………………………………… (106)

第 6 章　膨胀岩渠坡坡面防护工程 …………………………（113）
6.1　喷护快速防护材料处理 …………………………（113）
6.2　植喷处理措施施工 …………………………（116）
6.3　砌石联拱 + 植草处理措施 …………………………（118）
6.4　六棱体混凝土框格 + 植草处理措施 …………………………（124）
6.5　实践总结 …………………………（126）
第 7 章　渠坡处理效果理论分析 …………………………（134）
7.1　理论计算 …………………………（134）
7.2　水平位移监测及成果分析 …………………………（150）
7.3　处理效果理论分析总结 …………………………（157）
第 8 章　膨胀岩渠坡防治工程经济分析与评价 …………………………（158）
8.1　投资概算测算分析 …………………………（158）
8.2　投资对比分析 …………………………（160）
8.3　投资合理性分析 …………………………（162）
第 9 章　膨胀岩渠坡施工及施工期安全监测和滑坡处理 …………………………（165）
9.1　膨胀岩渠坡施工总体要求 …………………………（165）
9.2　施工期安全监测 …………………………（167）
9.3　施工期滑坡处理 …………………………（172）
参考文献 …………………………（174）

第1章 绪 论

膨胀岩属于软岩中的特殊类型。它具有似岩非岩、似土非土的特点。由于其含有大量亲水矿物,与水的关系极其密切,亲水性异常强烈,湿度变化时体积发生较大变化,变形受约束时产生较大内应力,所以称其为膨胀岩。

1.1 膨胀岩的工程危害

膨胀岩的成因类型多(如沉积类、残积类、岩溶侵蚀类等),性状复杂,其工程地质问题不仅与成因、时代、演化历史有关,而且和气候环境、工程与其相互作用密切相关。膨胀岩对渠道工程的影响主要表现在三个方面:一是影响渠坡稳定;二是膨胀力对渠道衬砌的破坏;三是作为建筑物地基时,胀缩作用降低了岩土体的力学强度。三种危害尤其以影响渠坡稳定最为普遍。

造成膨胀岩渠坡危害的原因可主要归结为膨胀岩的"三性",即胀缩性、裂隙性和超固结性。胀缩性是由于其所含的黏土矿物成分、胶结物质成分,以及其结构特征而造成遇水膨胀、失水收缩的特性,属于内因;裂隙性是由于膨胀软化或收缩开裂而导致岩土体积和状态的变化,从而使岩土体开裂,产生裂隙,破坏膨胀岩的整体性;超固结性是沉积受荷历史等因素引起的,在施工开挖时卸荷使地基产生回弹,促进裂隙的发展和岩土体膨胀软化特性的加剧。此外,膨胀岩的胀缩性、裂隙性和超固结性在强度方面的综合表现又使膨胀岩的抗剪强度具有层次性、动态性和随时间衰减的特点。膨胀性岩土的"三性"相互作用、相互促进,在外界因素(如降雨、蒸发等)作用下含水量发生变化,导致其对渠道边坡的危害性很大。通常,膨胀岩渠道滑坡的过程与其他滑坡一样,由连续的一系列过程组成,但由于胀缩性、裂隙性和超固结性的特性,使其较一般的滑坡更为复杂和特殊。膨胀岩渠坡开挖形成的临空面破坏了岩土体的自然平衡,在岩土体特性和环境因素的共同作用下,发生失稳及滑坡,其发展过程和类型主要可分为五种:剥落、冲蚀、鼓胀、溜滑、滑坡。已有研究和观测表明,膨胀岩边坡的破坏失稳与一般土质边坡的失稳情况不尽相同,多表现为牵引式、渐进性的浅层滑动破坏,与一般土的圆弧形滑动破坏有很大的区别,有些大滑坡甚至在1:6的平缓渠坡上出现。

1.2 勘察、设计的工作难点

目前，膨胀岩渠坡处理设计过程中存在的主要问题和技术难点可总结为以下4方面：①膨胀岩在勘察过程中的分类判别方法不够完善；②边坡稳定计算时抗剪强度指标取值难；③由于膨胀岩边坡破坏的复杂性，目前还没有很好的膨胀岩边坡稳定计算方法；④处理措施的技术及经济合理性在超大型水利工程中缺少必要的施工检验。

1.2.1 分类方法不够完善

准确地对膨胀岩进行判别和分类对建筑物设计、地基处理具有重要意义，它直接影响到工程的安全性、可靠性和造价等问题，而膨胀岩土准确的判别和分类又取决于判别指标的选取。目前，国内外对膨胀岩判别方法的指标选取有两类：一类通常是采用界限含水量指标的经验性判别，把液限、塑限、缩限等作为判别指标，由于界限含水量是所有黏性土的共性指标，也是反映膨胀岩膨胀性的间接指标，采用这一类指标准确区分膨胀岩与非膨胀岩，具有一定的局限性；另一类是综合考虑影响膨胀岩胀缩因素的多指标综合判别法，研究表明，这类方法是提高判别膨胀岩等级准确性的有效途径，但已有的研究大多没有对直接影响因素进行理论判别分析，而把间接影响因素作为判别指标，这样可能会影响判别精度和运算时间。

目前，勘察设计一般采用的分级标准源自《膨胀土地区建筑技术规范》（GBJ 112—87），该分级标准为单一指标分类，即采用自由膨胀率分级，没有考虑岩土体的结构、初始含水量、固结程度、膨胀力等。各指标间在指导设计时存在矛盾，如有些按自由膨胀率判定为弱膨胀岩，但初始含水量较小，而膨胀力很大；而有一些膨胀岩已表现出膨胀岩的工程特性，自由膨胀率却小于40%。采用单一指标分类存在的上述问题，使判别结果指导设计的针对性不强。

1.2.2 抗剪强度指标取值标准难以确定

膨胀岩边坡稳定计算时，抗剪强度是影响计算结果的重要参数。合理的强度指标取值能够真实地反映土体的强度特征，对工程设计至关重要。

由于膨胀岩强度指标受其物质组成、结构类型、胶结程度、裂隙发育、外界干湿作用等影响较大，同时抗剪强度指标的室内试验结果受钻探、取样、制样、试验条件、试验方法等条件的限制，往往很难真实反映岩土体的强度特征。

不同的学者提出了不同的理论和选取强度的办法，总体上分为两大类：一类是考虑时间因素的渐进破坏和在空间上的分带取值，另一类是按非饱和土考虑。代表性的强度理论有渐进性破坏理论、滞后破坏理论、极限平衡－弹性理论、气候作用层分带法、胀缩效应法、分期分带法、分段取值法、非饱和强度理论等。

相关的勘察、设计规范及指导手册如:《水利水电工程地质勘察规范》(GB 50487—2008)、《岩土工程勘察规范》(GB 50021—2001)、《水利水电工程边坡设计规范》(SL 386—2007)、《水电水利工程边坡设计规范》(DL/T 5353—2006)、《建筑边坡工程技术规范》(GB 50330—2002)及《岩土工程勘察设计手册》(辽宁科学技术出版社)等。各规范、手册对参数取值的规定及建议也不尽相同。上述5本规范和1本手册中，只有《水利水电工程地质勘察规范》(GB 50487—2008)、《岩土工程勘察规范》(GB 50021—2001)、《水利水电工程边坡设计规范》(SL 386—2007)和《岩土工程勘察设计手册》对膨胀土的强度指标取值原则作了原则性的规定。《水利水电工程地质勘察规范》(GB 50287—99)和《岩土工程勘察设计手册》对膨胀土的参数取值规定基本相同:具有流变特性的强、中等膨胀土，宜取流变强度作为标准值;弱膨胀土、含钙质结核的膨胀土或坚硬黏土，可取峰值强度的小值平均值作为标准值。《岩土工程勘察规范》(GB 50021—2001)针对膨胀岩的强度指标取值，认为膨胀岩性质复杂，不少问题尚未搞清，对其测试和评价不宜采用单一的方法，宜在多种测试数据的基础上进行综合分析和综合评价。《水利水电工程边坡设计规范》(SL 386—2007)对膨胀土边坡的残余抗剪强度指标规定宜采用反复剪切试验测定。天然土体抗剪强度还应考虑土体裂隙、含水量变化等因素的影响，相关规范、手册对膨胀岩均未作明确规定。《岩土工程勘察规范》(GB 50021—2001)关于膨胀岩的分类、判别及强度指标规定是参考膨胀土的相关规定。

综上所述，由于膨胀岩的复杂性，其强度取值相关规范、手册及不同学者提出的取值理论均未有一个统一而明确的标准及规定。参数取值偏于保守，边坡过缓，工程费用、占地费用增加，造成工程的浪费;强度取值较真值小，边坡过陡，又给工程安全运行埋下隐患。

1.2.3 膨胀岩边坡稳定计算的方法不够完善

膨胀岩边坡的破坏失稳与一般土质边坡的失稳情况不尽相同，膨胀岩边坡多表现为牵引式、渐进性、浅层滑动破坏，与一般土体的圆弧形滑动有很大的区别，采用圆弧滑动分析方法进行膨胀岩的渠坡稳定计算是否适用，计算时对膨胀力如何考虑，对膨胀岩体中存在的很多随机裂隙和软弱结构面采用常规的勘察技术很难查清，这些边界条件无法准确地反映到边坡稳定计算的公式或程序中，其稳定分析结果与实际存在的偏差如何解决、此种偏差对工程措施的影响有多大及如何界定，都是目前计算方法不能确定的。

另外，由于膨胀岩成岩程度的不均一性和分布的不均匀性，其外观性状和强度介于岩－土之间，虽然国内外有关膨胀岩的研究已经从以往的采用饱和土理论上升到采用非饱和土理论研究阶段，但对膨胀岩这种似岩非土的边坡，其稳定计算的可靠性还有待进一步研究。

1.2.4 工程措施的技术经济合理性、可靠性有待研究

膨胀岩边坡的处理措施与其成因、结构、物理力学性质、破坏后产生的后果等密切相关。目前，工程上主要采用放缓边坡、坡面衬砌、土工织物膜袋护坡、换土、膨胀岩改性、土层锚杆、挡墙、抗滑桩、砌石联拱等措施。

对膨胀岩渠道工程稳定影响最大的是具有中－强膨胀性的岩土，对其必须进行处理，关键是采取什么样的处理措施既安全可靠又经济合理；对弱膨胀岩，虽然自由膨胀率小，但膨胀力较大，膨胀变形后对渠道衬砌影响也很大，是否进行处理及采取何种处理措施目前还没有统一的认识，总干渠沿线弱膨胀岩分布广泛，是否处理及如何处理对工程投资影响巨大。

虽然已有膨胀岩边坡处理的成功经验，但在水利工程，特别是南水北调这样超大规模的水利工程，处理措施的可靠性还缺乏必要的施工检验。

1.3 工程实践

本书通过河南新乡潞王坟膨胀岩现场原型试验段的工程实践，对膨胀岩渠坡的各种处理措施进行了有益的探索，总结出大量的实践经验，希望借此能对以后的类似工程起到抛砖引玉的作用。

第 2 章　膨胀岩概况

2.1　膨胀岩的分布与成因

2.1.1　分布

南水北调中线工程起始段位于南阳盆地的西北部边缘地区,沿伏牛山脉南麓山前岗丘地带及山前倾斜平原,总体呈北东方向过汉淮分水岭的方城垭口至平顶山市叶县保安镇逐渐呈弧形折转北西向,穿越伏牛山东部山前古坡洪积裙及淮河水系冲积平原后缘地带,中段和尾段总体呈南北向穿越太行山脉与华北平原西部之间的丘陵、岗地和山前倾斜平原。沿线地形总体呈西高东低、南高北低之势。渠线西部由南至北分布有伏牛山、箕山、嵩山和太行山脉,山顶高程一般为 500 ~ 2 000 m。东南侧有唐白河平原,地面高程为 120 ~ 147 m;东侧有淮、黄、海平原,高程一般在 100 m 以下。

总干渠沿线的膨胀岩主要分布在陶岔至石家庄以南的部分渠段。渠坡或渠底分布膨胀岩的渠段共有 66 段,累计长约 131 km,主要分布于陶岔—北汝河段、辉县—新乡段、淇河—洪河南段、邯郸段、邢台段,北汝河—潮河、南士旺—洪河屯、石家庄、高邑等地也有零星分布。其中,强膨胀岩分布累计长 10. 2 km,主要分布于鲁山的辛集—马庄、禹州的肖河北—颍河南、璐王坟、邯郸段;中膨胀岩分布累计长 63. 37 km,主要分布于禹州长葛段、宝丰郏县段、新乡卫辉段、鹤壁段、汤阴段;弱膨胀岩累计分布长 56. 66 km,主要分布于潮河段、焦作段、安阳洪河段、淇河屯段等。膨胀岩渠段分布示意图见图 2-1。

膨胀岩分布段渠坡高度一般为 8 ~ 21 m,最高达 49 m 。其中,挖深小于 10 m 的渠段累计长 50. 71 km,挖深 10 ~ 15 m 的渠段累计长 47. 55 km,挖深 15 ~ 30 m 的渠段累计长 17. 97 km,大于 30 m 的渠段累计长 3. 57 km。

按照总干渠由渠首陶岔至终点北京玉渊潭由南至北的布置,将膨胀岩的分布按工程渠段相应地划分为 4 个渠段进行论述。

(1)陶岔—沙河南段:该渠段通过垄岗、山前丘陵地带,出露的膨胀岩主要为河湖相沉积的灰白色—灰绿色黏土岩,一般呈碎块状结构。累计长度为 12. 315 km。该段膨胀岩分布情况见表 2-1。

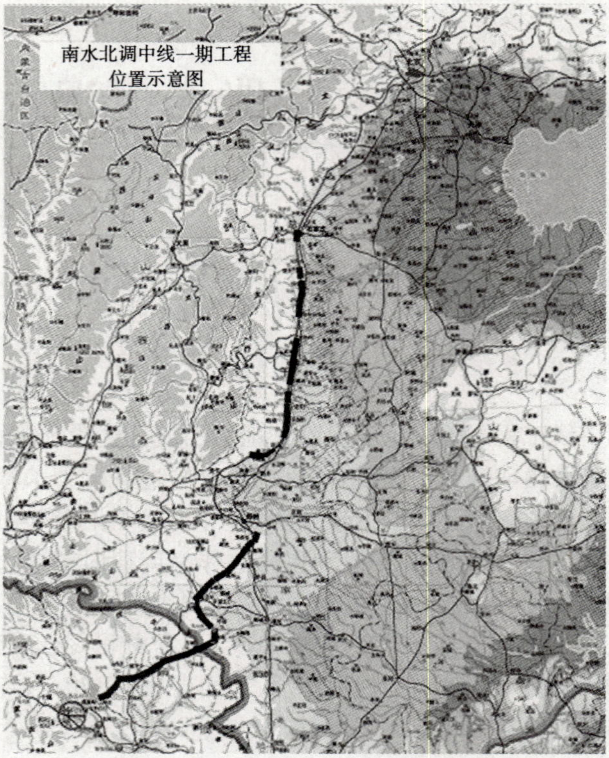

图 2-1　南水北调中线工程膨胀岩渠段分布示意图

表 2-1　陶岔—沙河南段膨胀岩分布情况

段名	段长(km)	渠道挖深(m)		
		<10	10~15	15~30
上弱膨胀土、粉土质砾,下中膨胀岩段	1.55	1.3	0.25	
上中膨胀土为主,下弱膨胀岩段	4.06	4.06		
上弱膨胀土为主,下中膨胀岩段	6.705	3.73	2.726	0.249
合计	12.315	9.09	2.976	0.249

(2)沙河南—黄河南段:该段分布的膨胀岩为上第三系滨湖相、河湖相陆源碎屑沉积,其岩性主要为灰绿、灰白色泥灰岩及棕红色、紫红色黏土岩、砂质黏土岩,一般具中等膨胀性。主要分布于鲁山坡以北的三街村—北汝河之间的岗地,北汝河及颍河河谷两岸、小南河两岸,绕岗线渠段的郜庄沟北—庙后李、耿坡—三官庙及龙王附近。累计长度为47.02 km。该段膨胀岩分布情况见表2-2。

表 2-2　沙河南—黄河南段膨胀岩分布情况

段名	段长(km)	渠道挖深(m)			
		<10	10~15	15~30	>30
上黏性土为主,下中膨胀岩段	14.2	10.18	4.02		
上砾质土,下中膨胀岩段	2.12		0.9		1.22
上黄土状土,下强膨胀岩段	6.1	2.51	2.99	0.6	
上黄土状土、黏性土,下中膨胀岩段	24.6	5.29	14.13	3.48	1.7
合计	47.02	17.98	22.04	4.08	2.92

(3)黄河北—漳河南段。该段分布的膨胀岩为上第三系滨湖相、河湖相陆源碎屑沉积,其岩性主要为棕红色、紫红色黏土岩和灰绿、灰白色泥灰岩。主要分布于辉县大官庄、新乡潞王坟、温寺门—安都等地。另外,在淇河—洪河南、南士旺—洪河屯沿渠线亦有断续分布。累计长度为41.76 km。该段膨胀岩分布情况见表2-3。

表 2-3　黄河北—漳河南段膨胀岩分布情况

段名	段长(km)	渠道挖深(m)			
		<10	10~15	15~30	>30
上黏性土,下弱膨胀岩段	6.76	5.86	0.9		
上黏性土为主,下强膨胀岩段	2.62		0.97	1	0.65
上泥砾 ,下中膨胀岩段	1.005	1.005			
上黄土状土、弱膨胀土,下弱膨胀岩段	18.275	3.235	12.85	2.19	
上黄土状土、黏性土,下中膨胀岩段	5		2.825	2.175	
上黄土状土、砾石,下弱膨胀岩段	8.1	2.1	6.0		
合计	41.76	12.2	23.545	5.365	0.65

(4)漳河北—石家庄南段:该段分布的膨胀岩为上第三系湖相沉积的黏土岩,主要分布于邯郸和邢台部分渠段,另在石家庄、高邑等地也有零星分布,其空间分布的明显特征是不同膨胀等级的膨胀岩随机性强。在勘探深度范围内,膨胀岩沿渠线累计分布总长度为27.56 km。该段膨胀岩分布情况见表2-4。

表 2-4　漳河北—石家庄南段膨胀岩分布情况

段名	段长(km)	渠道挖深(m)		
		<10	10～15	15～30
上强膨胀岩，下中弱膨胀岩段	5.135	1	1.9	2.235
上黏性土，下弱膨胀岩段	3.106	1.04	0.536	1.53
上黏性土为主，下中膨胀岩段	2.62	1.66		0.96
上黏性土，下强膨胀岩段	0.8		0.8	
上泥砾，下弱膨胀岩、软质碎屑岩段	9.01	1.82	4.71	2.48
上黄土状土，下弱膨胀岩、软质碎屑岩段	5.784	3.604	1.1	1.08
上黄土状土，下强膨胀岩段	1.105	1.105		
合计	27.56	10.229	9.046	8.285

2.1.2　地质结构类型

膨胀岩主要分布在岗地和山前丘陵地带，通常地表被第四系地层所覆盖，根据地表至渠底板以下 5 m 范围内土岩体的岩性组合特征、岩体建造等因素，将地质结构类型划分为土/岩体双层结构类型，见表 2-5。

表 2-5　膨胀岩结构特征分类汇总

结构类型	工程地质分段类型		段数累计	长度(km)
	类名	亚类名		
土/岩体结构	上黄土状土为主，下膨胀岩段	上黄土状土(黏性土)，下弱膨胀岩段	14	19.6
		上黄土状土，下中膨胀岩段	17	35.9
		上黄土状土，下强膨胀岩段	4	7.4
		上黄土状土、砾石，下中膨胀岩段	3	7.3
	上黏性土为主，下膨胀岩段	上黏性土，下弱膨胀岩段	2	3.8
		上黏性土，下中膨胀岩段	11	23.5
	上膨胀土为主，下膨胀岩段	上弱膨胀土为主，下弱膨胀岩段	3	6.3
		上中膨胀土为主，下弱膨胀岩段	2	4.1
		上弱膨胀土为主，下中膨胀岩段	6	6.5
		上强膨胀土为主，下强膨胀岩段	1	2.8
		上强膨胀土为主，下弱膨胀岩段	1	0.5
	上泥砾(砾质土)为主，下膨胀岩段	上泥砾(砾质土)，下弱膨胀岩段	4	9.3
		上泥砾(砾质土)，下中弱膨胀岩段	3	3.5
合计			71	130.5

2.1.3 成因分析

膨胀岩的形成和演化过程是很复杂的，在地质历史发展过程中，由于物理化学风化改造和水流的搬运分离作用，在不同的地质时代与沉积环境的条件下，形成了成因类型不同且具有特定分布地域的膨胀岩。南水北调中线工程的膨胀岩通常以上第三系软岩为主，从区域构造活动和古气候特征分析，上第三系（N）处于稳定的下降沉积期，形成了一些大小不等的内陆湖盆，气候由温暖逐渐向大气降水减少、气温不断下降的温凉干旱气候环境过渡。在这种干旱、半干旱气候条件下，土体中水循环作用较弱，有利于碱金属离子的富集，因而形成了以碱性成分为主的成岩环境，沉积了一套富含亲水矿物的湖相堆积地层。

不同地段，各类膨胀潜势的膨胀岩的成因也不尽相同，以沉积建造环境作为分类依据，南水北调中线工程的膨胀岩成因大体上可以分为河湖相沉积、滨湖相沉积、湖相沉积三类。总干渠由南至北按沉积环境及岩性划分为 4 个渠段（成因汇总见表 2-6）：

表 2-6 南水北调中线工程膨胀岩成因汇总

项目	陶岔—沙河南段			沙河南—黄河南段			黄河北—漳河南段			漳河北—石家庄南段		
	弱	中	强	弱	中	强	弱	中	强	弱	中	强
沉积环境	河湖相沉积		河湖相沉积	滨湖相、河湖相沉积			滨湖相、河湖相沉积			湖相沉积		
岩性	浅黄－棕黄色黏土岩		灰白色黏土岩	灰绿、灰白色泥灰岩及棕红色、紫红色黏土岩			灰绿、灰白色泥灰岩及棕红色、紫红色黏土岩			紫红色、棕红色黏土岩夹灰绿色斑块，表层多风化		

（1）陶岔—沙河南段的弱、中等膨胀潜势的膨胀岩主要是河湖相沉积的浅黄—棕黄色黏土岩，强膨胀潜势的膨胀岩主要是河湖相沉积的灰白色黏土岩。

（2）沙河南—黄河南段主要是滨湖相、河湖相沉积的灰绿、灰白色泥灰岩及棕红色、紫红色黏土岩。

（3）黄河北—漳河南段主要是滨湖相、河湖相沉积的灰绿、灰白色泥灰岩及棕红色、紫红色黏土岩。

（4）漳河北—石家庄南段主要是湖相沉积的紫红色、棕红色黏土岩夹灰绿色斑块，表层多风化。

南水北调中线工程膨胀岩的分布及成因具有如下特点：

（1）膨胀岩多分布在岗地、丘陵及山前丘陵地带，地表一般被第四系地层所覆盖，仅在局部地段直接出露地表。

(2)沿线分布的膨胀岩主要以河湖相沉积为主，也有部分滨湖相及湖相沉积，岩性相对单一，多以黏土岩为主，泥灰岩主要分布在黄河北—漳河南段，部分渠段也分布有少量砂质黏土岩。

(3)膨胀岩以中、弱膨胀潜势为主，强膨胀潜势的分布较少，仅累计长10.2 km，主要分布在邯郸段及黄河以南的鲁山段、宝峰郏县段。

(4)膨胀岩分布渠段通常以挖方段为主，挖深一般以8~15 m居多，仅个别段挖深大于30 m。

(5)膨胀岩分布渠段地层结构一般为土/岩体双层结构类型，上部弱膨胀土下部膨胀岩或是上部黄土状土下部膨胀岩。

2.2 膨胀岩的矿物组成及微观结构

2.2.1 矿物组成

膨胀岩的矿物成分是决定其工程性质的重要物质基础，沿渠线取部分岩样进行矿物鉴定，其矿物成分包括碎屑矿物和黏土矿物两部分。碎屑矿物成分主要为石英、方解石，以方解石为主；黏土矿物成分主要有蒙脱石、伊利石和高岭石，以蒙脱石为主。不同渠段不同类型膨胀岩的黏土矿物所占比例及其组合形式各有差异。

(1)陶岔—沙河南段：组成该渠段膨胀岩小于0.002 mm的颗粒含量一般占20%~32%。黏土矿物主要由蒙脱石、伊利石、高岭石组成，其化学成分及矿物成分见表2-7。

表2-7 陶岔—沙河南段膨胀岩矿物成分

粒级范围	土名	时代	成因	化学成分平均含量(%)							$\frac{SiO_2}{R_2O_3}$
				SiO_2	Al_2O_3	Fe_2O_3	CaO	MgO	K_2O	Na_2O	
小于0.002 mm的颗粒	黏土岩	N	泥灰岩风化	55.16	19.50	7.23	0.28	4.69	2.03	0.13	4.80
			花岗岩风化	54.17	23.56	7.91	0.33	2.16	1.30	0.88	3.95

(2)沙河南—漳河南段：组成该段的膨胀岩主要为黏土岩和泥灰岩，其碎屑矿物和黏土矿物的含量差异较大。泥灰岩中碎屑矿物含量为60%~80%，黏土矿物含量为20%~40%；黏土岩中黏土矿物含量为40%~60%，碎屑矿物含量

为30%～40%。该段膨胀岩的矿物成分见表2-8。

表2-8 沙河南—漳河南段膨胀岩的矿物成分

编号	岩性名称	取样地点	碎屑矿物(%)			黏土矿物(%)			
			石英	方解石	长石	蒙脱石	伊利石	高岭石	绿泥石
1	黏土岩	鲁山南坡	26.5		8.5	60		3	
2	泥灰岩	辉县老道井	15	25		18	15	21	6
3	泥灰岩	汤阴前李朱	12	60		23.8	2	2.2	
4	泥灰岩	汤阴水利局仓库	30	6		35.2	16	9.6	3.2
5	泥灰岩	汤阴少林寺武术学校	3	80		10.2	3.4	2.6	0.5
6	泥灰岩	汤阴侯小屯	30	2		30.6	10.2	23.8	3.4
7	泥灰岩	新乡潞王坟	18	25	1	26	10	13	

(3)漳河北—石家庄南段:该段的膨胀岩主要为黏土岩,其黏土矿物含量为50%～60%。其化学成分及矿物成分见表2-9、表2-10。

表2-9 漳河北—石家庄南段膨胀岩的化学成分

编号	名称	取样地点	化学成分							$\frac{SiO_2}{R_2O_3}$	阳离子交换量(me/100 g土)	pH值(26 ℃)
			SiO_2	Fe_2O_3	Al_2O_3	CaO	MgO	K_2O	Na_2O			
1	棕红色膨胀岩	磁县东槐树	61.57	6.8	16.78	1.98	1.86	2.38	0.32	4.99	49.3	8.36
2	灰绿色膨胀岩	邯郸齐村	59.02	5.95	16.51	3.95	1.62	1.8	0.23	4.97	51.4	8.64
3	灰白色膨胀岩	邯郸东官庄	51.59	4.95	11.52	18.42	1.88	1.22	0.29	4.85	37.6	8.44

表2-10 漳河北—石家庄南段膨胀岩的矿物成分

编号	取样地点	名称	成因	矿物组成
1	磁县东槐树	棕红色膨胀岩	黏土岩风化	蒙$_{38}$、伊$_{10}$、高$_{10}$、石英、长石
2	邯郸齐村	灰绿色膨胀岩	黏土岩风化	蒙$_{32}$、伊$_{8}$、高$_{12}$、石英、碳酸盐
3	邯郸东官庄	灰白色膨胀岩	湖相沉积	蒙$_{30}$、伊$_{7}$、高$_{10}$、绿泥石、碳酸盐
4	邯郸黄粱梦	灰白色膨胀岩	湖相沉积	蒙$_{43}$、伊$_{8}$、高$_{10}$、石英、长石、碳酸盐

注:角标表示黏土矿物含量。

分析不同渠段各类膨胀岩的矿物组成及化学成分,有如下共同特点:

(1)不同膨胀岩的化学成分含量虽有差异，但主要是 SiO_2、Al_2O_3、Fe_2O_3，三种氧化物总量为81% ~86%。

(2)在膨胀岩的胶粒化学成分中，硅铝分子比率为3.95 ~4.99，接近或是大于4，表明其矿物成分以蒙脱石为主。

(3)在膨胀岩的化学成分中，较活泼元素 K、Na、Ca、Mg 等碱金属和碱土金属含量普遍高。表明其化学风化程度较低，在一定气候和水介质条件下，还将进一步风化，如伊利石转变为蛭石或蒙脱石，使膨胀岩土的亲水性增强。

(4)组成膨胀岩的黏土矿物以蒙脱石为主，不同岩性不同渠段膨胀岩的黏土矿物成分、含量也有差异，黏土岩以黏土矿物为主，泥灰岩以碎屑矿物为主，黏土岩的蒙脱石含量高于泥灰岩的，漳河北—石家庄南段分布的膨胀岩，其蒙脱石含量通常高于陶岔—沙河南段及沙河南—漳河南段的。

(5)蒙脱石、伊利石等亲水性强的矿物在水－土相互作用过程中遇水膨胀、失水收缩，导致岩体在胀缩过程中产生胀缩应力，造成岩体破坏，其胀缩性的差异主要由亲水性矿物蒙脱石、伊利石含量的多少决定。亲水性矿物含量多，则胀缩性就强，反之则弱。蒙脱石比伊利石的亲水性更强，因此黏土岩膨胀性较泥灰岩高。强膨胀岩主要分布在邯郸段。

2.2.2　微观结构

膨胀岩的结构是决定和影响土的工程性质极其重要的因素，在岩土体的天然结构不受扰动的情况下，膨胀岩的膨胀性与收缩性、强度特性及变形性质在很大程度上都取决于膨胀土的原始结构特征。

通过电镜扫描研究，膨胀岩的显微结构特征如下(见图2-2 ~图2-9)：

(1)具有反映膨胀岩微结构特点的由若干黏土片堆积在一起构成的以面－面叠聚体为基本单元；

(2)叠聚体具有定向性，普遍发育微裂隙，微裂隙有利于水的渗入与排除，为叠聚体的胀缩创造了水分迁移的必要条件；

(3)图2-2 ~图2-5所示叠聚体成曲片状，图2-6 ~图2-9所示主要叠聚体为平片状，定向度高，受碳酸盐胶结物的影响排列紧密。

这些结构特征反映出不同的工程性质，不同的矿物叠聚体的形状、大小和特性是不同的，高岭石叠聚体中的薄片排列整齐、紧密，叠片间比较牢固，吸附水分子的能力相对较小。蒙脱石叠片间斥力较大，吸引力较弱，结构连接不牢固，吸附水分子的能力相对较强，是一种易变的叠聚体，在剪应力的作用下易发生变形和破坏。不同矿物形成片状叠聚体及裂隙的定向使膨胀、收缩和应力等呈现各向异性，宏观表现的遇水膨胀能力也不同。

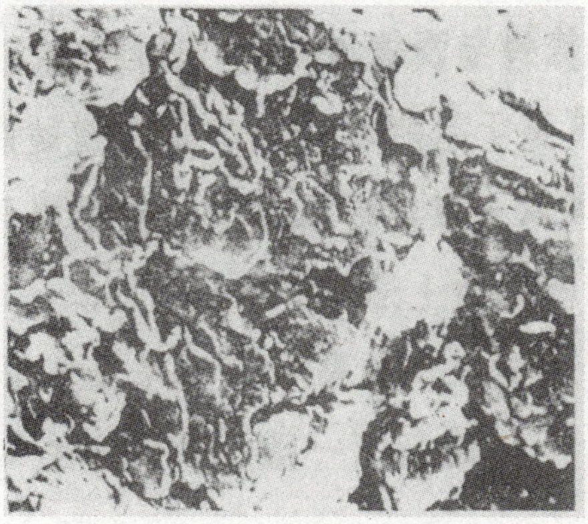

图 2-2　曲片状叠聚体之一

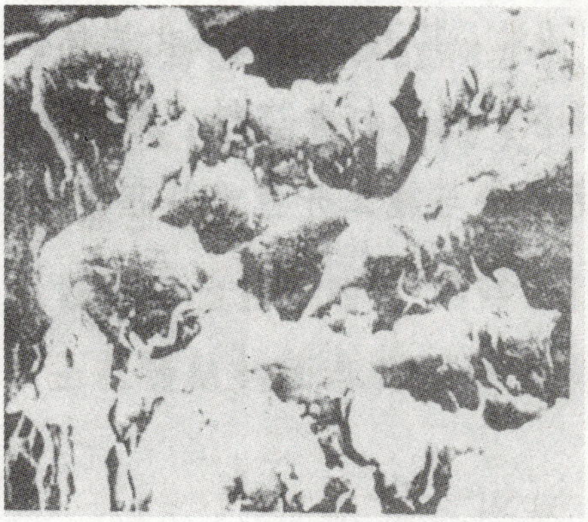

图 2-3　曲片状叠聚体之二

图 2-4　曲片状叠聚体之三

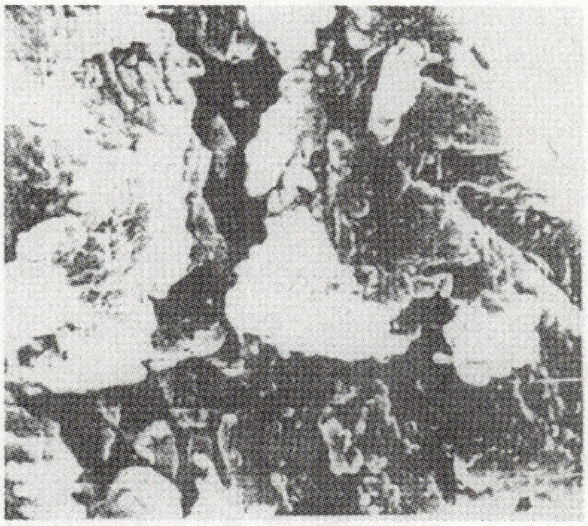

图 2-5　曲片状叠聚体之四

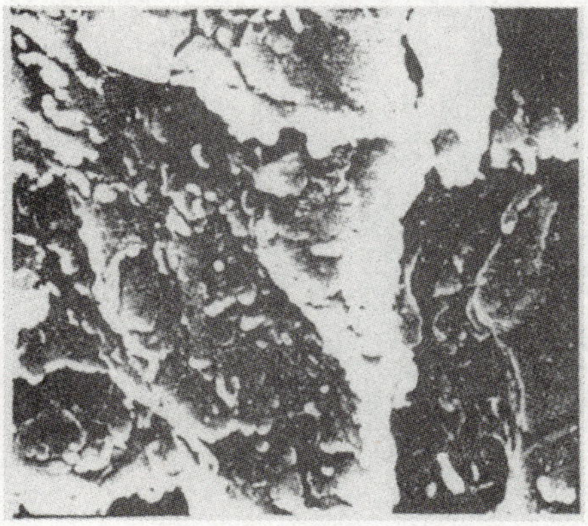

图 2-6　平片状叠聚体之一

图 2-7　平片状叠聚体之二

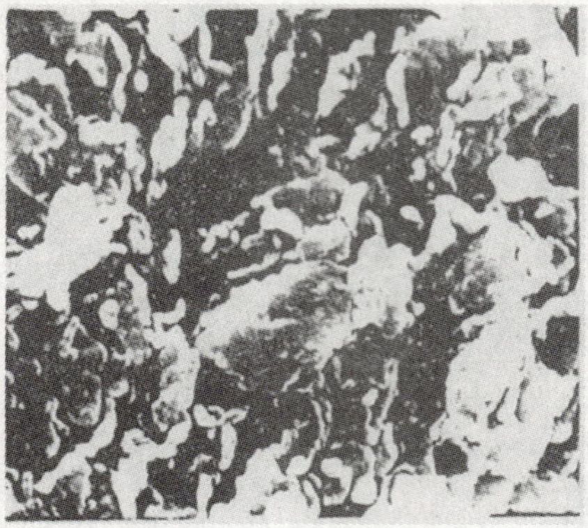

图 2-8　平片状叠聚体之三

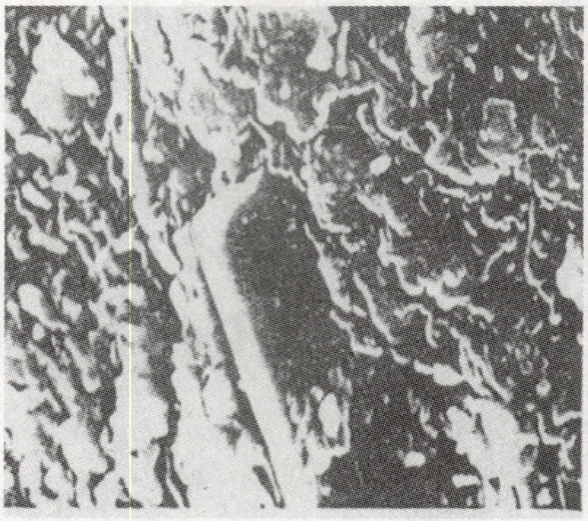

图 2-9　平片状叠聚体之四

2.3　膨胀岩的结构特征及工程特性

2.3.1　膨胀岩的结构特征

膨胀岩体内发育有不同类型的破裂结构面，包括原生和次生结构面两类：原生结构面主要为岩体内层面和成岩过程中形成的收缩裂隙；次生结构面为构造裂隙和岩体表部在大气环境影响下因胀缩作用形成的裂隙，且呈规律性的展布(见图 2-10)，总干渠新乡潞王坟段东侧的膨胀岩，断裂构造形迹发育。

图 2-10　黏土岩干裂后网状裂隙发育

原生结构面包括层理、层面、不整合面和原生裂隙等。现场调查发现，棕红色黏土岩中可见清晰层面(见图 2-11)，且为非常光滑的擦镜面，具蜡状光泽，面上附有灰绿色亲水性黏土矿物和黑色薄膜。擦镜面往往沿原始层面发育,这是在成岩过程中岩体胀缩应力作用下,向其块体收缩中心或者相反方向反复蠕滑的结果。由于岩体颗粒组成以细粒为主,而运动过程又呈蠕滑状态,且上覆有一定荷重,所以形成了光滑的镜面型的层面,亦是膨胀岩的一个力学软弱结构面。

图 2-11　黏土岩裂面光泽、擦痕及附着物

同时,膨胀岩分布有近垂直的裂隙(见图 2-12),反映在平面上往往围绕盆地中心向边缘逐渐增多,裂隙规模也逐渐增大,呈不规则的近环状或近弧形展布。由于盆地面积较大,这类裂隙展布形态不易观察,所见多为直线形短大裂隙,在剖面上,裂隙与层面近于垂直。

(a)　　(b)

图 2-12　黏土岩中发育的近垂直裂隙

原生裂隙是在成岩过程中,在岩体内不均匀收缩应力作用下形成的。收缩应力是膨胀岩在失水时岩体内产生的应力,失水越多,应力强度越大。所以,应力自表层向深部是逐渐减小的。与此相对应形成了上宽下窄的收缩裂隙。这类裂隙基本上均充填有各种颜色的次生黏土,且颗粒组成以黏粒、粉粒为主,胀缩性较原生黏土更强。受多种因素影响,有些岩土层裂隙较发育,且裂隙的表部有次生充填,深部为张开裂隙,形成裂隙黏土层。

综上所述,膨胀岩既有层面蠕滑裂隙,又有与层面近似垂直的收缩裂隙。尽管表现形式迥然不同,但都是同一收缩应力场作用下的产物,两者是紧密相联的。

膨胀岩的结构特征随成因类型与母岩性质而变化。不同岩性的宏观表现也不同,根据潞王坟试验现场的开挖情况,对泥灰岩和黏土岩的裂隙发育特征分别介绍。

2.3.1.1 泥灰岩

(1)成岩差的泥灰岩:灰白色,隐晶质结构,层状构造,成岩差。其岩性不均一,含较多灰白色钙质团块,杂黏土团块及灰绿条带,局部相变为棕红色黏土岩,裂隙发育规律不明显,一般为网状裂隙,失水后常见有龟裂现象(见图2-13)。

(a)　　　　　　　　　　(b)

图2-13　成岩差的泥灰岩中的裂隙

(2)成岩较好的泥灰岩:灰白色,层状构造,成岩好,岩质较坚硬,敲击有声,局部成岩一般,成块状结构;裂隙较发育,多数裂隙呈闭合状态,沿裂隙面有铁锰质及黄红色泥质充填(见图2-14),节理面延伸长度一般数十厘米,较平整。有溶蚀孔洞发育,在施工开挖过程中有一个直径80 cm的孔洞,连通性能较差。成岩较好的泥灰岩野外边坡近直立(见图2-15)。

在试验区选择3处进行裂隙统计,见节理玫瑰图2-16。根据节理裂隙统计,泥灰岩(成岩好)裂隙(节理)走向NE20°~50°,NW280°~340°,倾向以SE方向为主,倾角65°~88°。

图 2-14　泥灰岩的垂直裂隙及铁锰质薄膜

图 2-15　成岩较好的泥灰岩边坡近直立

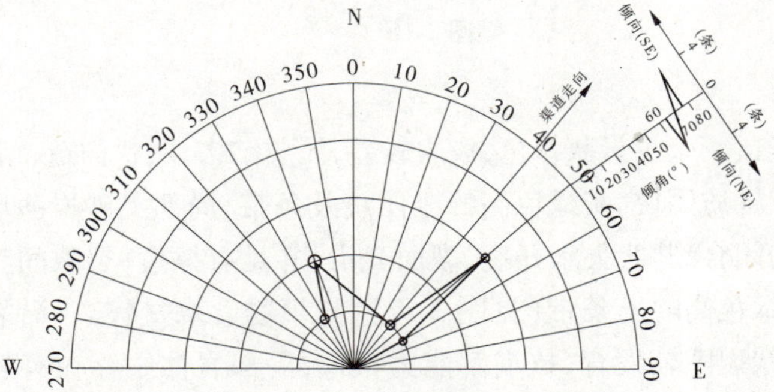

(a) 潞王坟1号泥灰岩试验窗口旁侧，灰白色泥灰岩，成岩较好

图 2-16　泥灰岩典型节理玫瑰图

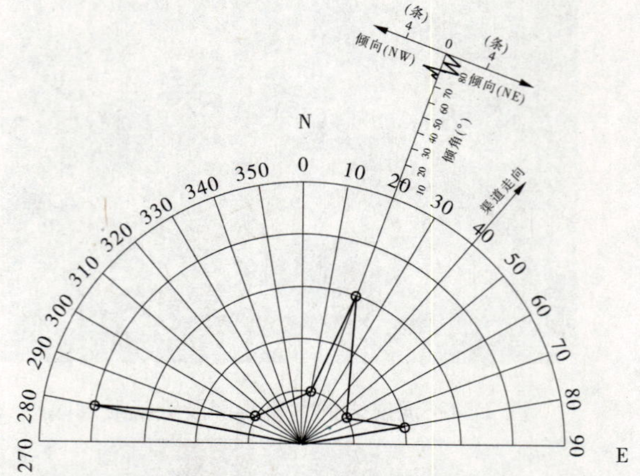

(b) 潞王坟SY1+200左岸，灰白色泥灰岩，成岩好

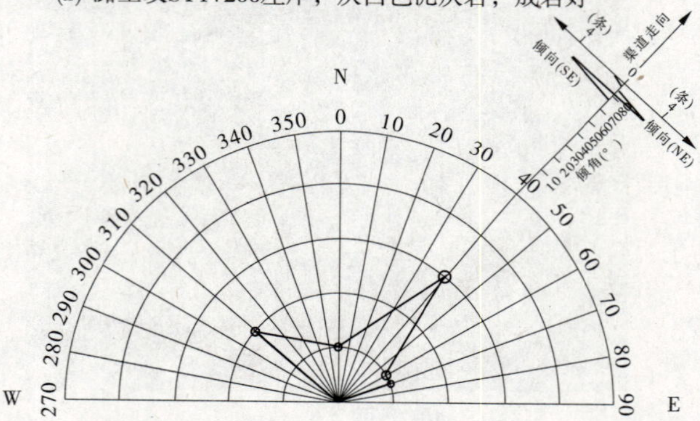

(c) 潞王坟SY0+700左岸，灰白色泥灰岩，成岩好

续图 2-16

2.3.1.2 黏土岩

黏土岩呈棕红色，杂少量灰绿色，成岩较差，泥质结构，层状构造，结构致密，岩性不均一，含有钙质团块，灰绿色高岭土团块及条带，局部夹砂岩薄层。节理裂隙发育，一般为闭合裂隙，失水开裂，裂面光滑，并见有擦痕；裂隙间充填黑色铁锰质薄膜及灰绿色高岭土条带（见图 2-17），充填物含水量较高，沿裂隙面抗剪强度较低。网状裂隙较发育，抗崩解能力很低，局部岩体中存在有软弱结构面，抗剪强度低，开挖过程中有滑坡现象（见图 2-18）。

在试验区选择两处进行裂隙统计，见节理玫瑰图 2-19。根据节理裂隙统计，黏土岩节理裂隙走向 NE30°，NW310°，倾向以 SE 方向为主，倾角 45°～70°。

（a）　　　　　　　　　　　　　　　　（b）

图 2-17　黏土岩裂隙面

图 2-18　黏土岩边坡沿裂隙面坍塌现象

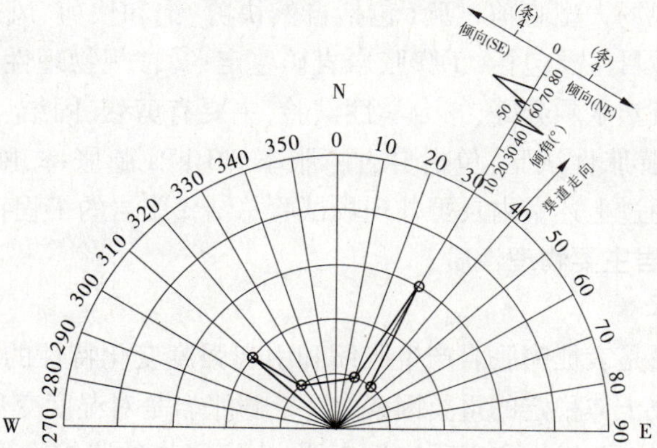

(a)潞王坟SY0+650滑塌体，棕红色黏土岩，夹浅黄色，砂质薄层

图 2-19　黏土岩典型节理玫瑰图

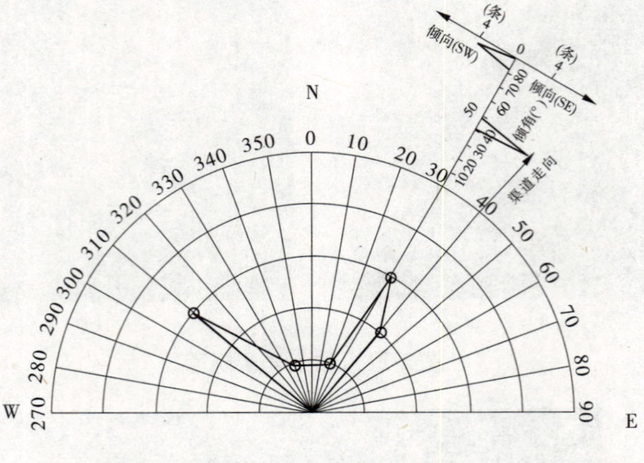

(b) 潞王坟SY0+100右岸2号黏土岩试验窗口，黏土岩，棕红色杂灰绿色

续图 2-19

2.3.2 膨胀岩的工程特性

膨胀岩是一种特殊土体,除具有一般岩土体所具有的物理力学性质外,还具有特殊的物理力学特性,如吸水膨胀、失水收缩、裂隙性、超固结性等。勘察过程中对上第三系膨胀岩进行了标准贯入试验、重型动力触探等原位测试,取样进行了膨胀岩矿物成分鉴定、室内物理力学性常规试验及膨胀性试验,并选取代表点进行了膨胀岩现场大型直剪试验(包括自然快剪、饱和快剪、风干残余剪)。膨胀岩室内试验项目主要包括:①膨胀岩岩矿鉴定;②常规物理性试验,主要有含水量、干密度、流塑限颗分等;③力学性试验,主要有剪切、固结、单轴抗压强度、弹性模量等;④膨胀性试验,包括自由膨胀率、50 kPa 膨胀率、膨胀力、线缩率;⑤崩解试验。通过上述室内及野外现场试验总结膨胀岩的工程特性。

2.3.2.1 膨胀岩主要物理性质

1)天然含水量

天然含水量是表征膨胀岩产生胀缩和引起强度变化特性的控制性参数,亦是影响渠道边坡土体稳定的重要因素之一。膨胀岩是对湿度变化极为敏感的特殊土体。大量的试验成果和工程实例表明,由膨胀岩的胀缩性而产生的工程问题,无一例外是由含水量的变化而引起的。当膨胀岩处于干燥环境时,岩体的天然含水量较低,岩体具有较高的膨胀潜势;反之,岩体膨胀潜势较低。

根据室内膨胀岩试验成果,黏土岩天然含水量 ω 为 7% ~34.3%,平均值为 21.4%,具膨胀潜势的黏土岩的天然含水量一般为 15% ~34.3%;成岩差的泥

灰岩天然含水量 ω 为 1.1% ~34.7%，平均值为 19.9%，膨胀潜势一般为 10% ~34.7%。

2）天然干密度

天然干密度是决定膨胀岩膨胀性的影响因素之一。在土的矿物组成和微观结构相同的情况下，土体的天然干密度越大，表明土的孔隙率越小，天然含水量越低，其膨胀潜势就越大；反之，在相同的水文地质环境中，干密度越小，表明土的孔隙率越大，天然含水量就越高，其膨胀潜势越小，但其收缩潜势可能较大。

根据试验成果，黏土岩天然干密度 ρ_d 为 1.4 ~2.0 g/cm^3，平均值为 1.65 g/cm^3；成岩差的泥灰岩天然干密度 ρ_d 为 1.32 ~2.07 g/cm^3，平均值为 1.66 g/cm^3。

3）液限

根据试验成果，黏土岩液限为 28.1% ~67.6%，平均值为 44.5%；成岩差的泥灰岩液限为23.5% ~67.6%，平均值为 43.1%。黏土岩和泥灰岩的自由膨胀率与液限一般呈正比关系（见图 2-20）。

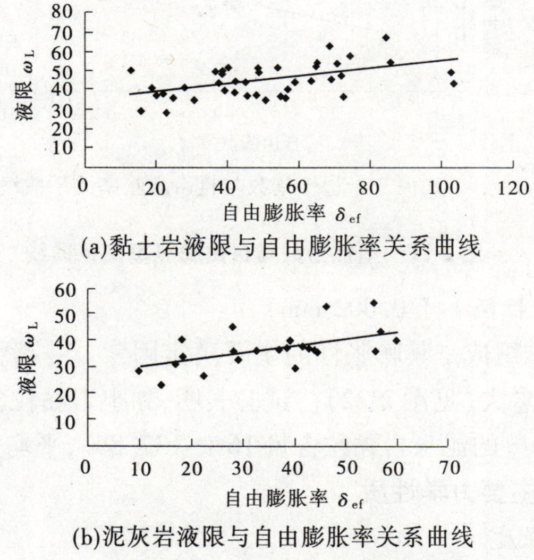

(a)黏土岩液限与自由膨胀率关系曲线

(b)泥灰岩液限与自由膨胀率关系曲线

图 2-20 液限与自由膨胀率关系曲线

4）液性指数

黏土岩液性指数 I_L 为 -0.7 ~ -0.4，平均值为 -0.55；成岩好的泥灰岩液性指数 I_L 为 -0.02 ~ -0.55，平均值为 -0.24；成岩差的泥灰岩 I_L 为 -0.68 ~ 0.18，平均值为 -0.21。说明黏土岩和泥灰岩自然状态下多呈硬塑 - 坚硬状态。

5）塑性指数

膨胀岩中亲水性黏土矿物占比重较大，故具有比表面积大、扩散双电层较厚的特点。与一般黏性土相比较，其黏土颗粒表面的的水膜较厚，所保护的薄膜水总量也特别多,因此具有高液限、低塑限的特点。

黏土岩的塑性指数 I_P 为 10.4～31.7,平均值为 19.6;成岩差的泥灰岩塑性指数 I_P 为 8.0～31.7,平均值为 18.7。一般情况下,膨胀岩塑性指数愈大,其自由膨胀率愈大;反之,自由膨胀率愈小(见图 2-21)。

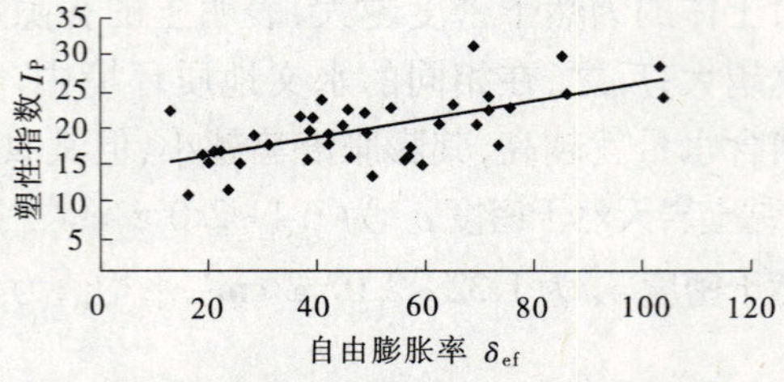

(a)黏土岩塑性指数与自由膨胀率关系曲线

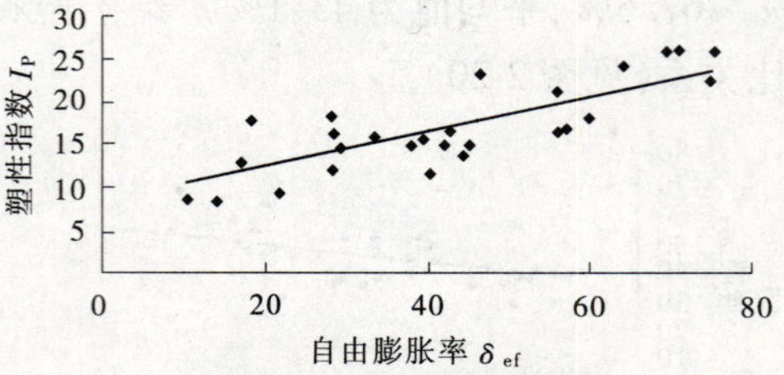

(b)泥灰岩塑性指数与自由膨胀率关系曲线

图 2-21　塑性指数与自由膨胀率关系曲线

6)黏粒含量(粒径小于 0.002 mm)

膨胀岩的颗粒组成是其膨胀性的主要决定因素。一般情况下,黏粒含量愈高,其自由膨胀率愈大(见图 2-22)。试验表明,黏土岩黏粒含量 17%～48%,平均值为 31%;成岩差的泥灰岩黏粒含量 16%～37.8%,平均值为 23%。

2.3.2.2　膨胀岩主要力学性质

1)单轴抗压强度

根据试验资料,黏土岩饱和抗压强度为 0.004～0.16 MPa,平均值为 0.05 MPa;成岩差的泥灰岩自然抗压强度为 0.18～3.03 MPa,平均值为 0.96 MPa;饱和抗压强度为 0.01～0.16 MPa,平均值为 0.04 MPa。根据岩石坚硬程度分级标准,黏土岩和成岩较差的泥灰岩均为极软岩。

2)抗剪强度

在渠坡稳定性分析上,膨胀岩的抗剪强度是最重要的影响指标,潞王坟膨胀岩现场原型试验过程中对膨胀岩进行了室内直剪试验、室内三轴试验和现场大型直剪试验。

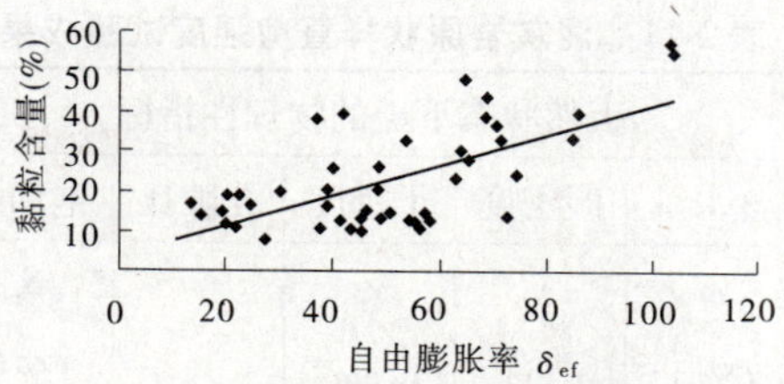

(a)黏土岩黏粒含量与自由膨胀率关系曲线

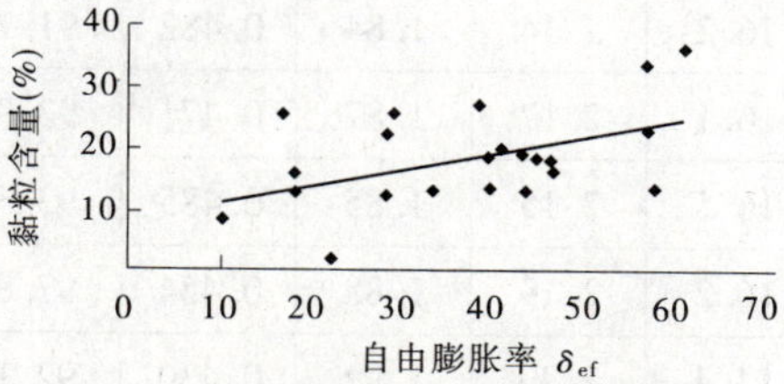

(b)泥灰岩黏粒含量与自由膨胀率关系曲线

图 2-22　黏粒含量与自由膨胀率关系曲线

直剪试验剪切面为固定的中间面,很难反映其软弱面的力学特性,三轴试验没有固定的剪切面,其剪切破坏一般发生在软弱面上,更能反应土体在实际工程中的力学特性,得到的强度指标最小。

对比三种试验剪切成果,有以下规律:

(1)剪切强度:三轴试验强度 < 现场大型直剪试验强度 < 室内直剪试验强度。

(2)峰值强度内摩擦角:黏土岩裂隙结构面 < 黏土岩裂隙带结构面 < 黏土岩非结构面 < 泥灰岩。

(3)从峰值强度至残余强度,强度降幅顺序(即膨胀岩发生大变形后的强度衰减幅值)为:非结构面黏土岩 > 含裂隙带的黏土岩、泥灰岩。

A. 室内直剪试验

(1)弱膨胀性泥灰岩原状样 6 组直剪试验和 4 组残余剪切试验成果见表 2-11和表 2-12。

泥灰岩的饱和固结快剪的 C 值离散较大,范围在 6.7 ~ 54.6 kPa,φ 值相对比较稳定,集中为 17.0° ~ 29.8°。残余强度的 C、φ 值较峰值强度相比分别有所衰减,但 C 值衰减较 φ 值强烈。C 值平均衰减为峰值强度的 0.4 倍,而 φ 值衰减为峰值强度的 0.6 倍左右。

(2)弱 - 中等膨胀性黏土岩 5 组原状样直剪试验和 4 组残余剪切试验,见表 2-13 和表 2-14。

表 2-11　泥灰岩原状样直剪强度试验成果

序号	取样部位	天然状态下土的物理性指标					饱和固结快剪	
		含水量	湿密度	干密度	孔隙比	饱和度	黏聚力	内摩擦角
		ω (%)	γ (g/cm³)	γ_d (g/cm³)	e	S_r (%)	C_{eq} (kPa)	φ_{eq} (°)
1	7 区	16. 5	2. 06	1. 77	0. 550	82. 3	28. 6	19. 7
2		16. 2	2. 14	1. 84	0. 482	91. 7	49. 7	17. 0
3		16. 1	2. 17	1. 87	0. 471	93. 9	6. 7	28. 6
4		16. 5	2. 15	1. 85	0. 485	93. 3	12. 6	25. 2
5		16. 2	2. 19	1. 88	0. 454	97. 8	54. 6	24. 7
6		14. 4	2. 20	1. 92	0. 430	92. 1	24. 0	29. 8
最大值		16. 5	2. 20	1. 92	0. 550	97. 8	54. 6	29. 8
最小值		14. 4	2. 06	1. 77	0. 430	82. 3	6. 7	17. 0
组数		6	6	6	6	6	6	6
平均值		16. 0	2. 15	1. 86	0. 479	91. 9	29. 4	24. 2

表 2-12　泥灰岩原状样残余强度试验成果

序号	取样部位	天然状态下土的物理性指标					排水反复剪			
		含水量	湿密度	干密度	孔隙比	饱和度	峰值强度		残余强度	
		ω (%)	γ (g/cm³)	γ_d (g/cm³)	e	S_r (%)	C_d (kPa)	φ_d (°)	C_r (kPa)	φ_r (°)
1	7 区	16. 2	2. 14	1. 84	0. 482	91. 7	30. 9	12. 9	5. 4	5. 4
2		16. 1	2. 17	1. 87	0. 471	93. 9	45. 5	22. 8	19. 2	19. 5
3		16. 5	2. 15	1. 85	0. 485	93. 3	50. 9	22. 4	42. 4	7. 9
4		14. 4	2. 20	1. 92	0. 430	92. 1	26. 9	26. 1	9. 9	17. 8
最大值		16. 5	2. 20	1. 92	0. 485	93. 9	50. 9	26. 1	42. 4	19. 5
最小值		14. 4	2. 14	1. 84	0. 430	91. 7	26. 9	12. 9	5. 4	5. 4
组数		4	4	4	4	4	4	4	4	4
平均值		15. 8	2. 17	1. 87	0. 467	92. 8	38. 6	21. 1	19. 2	12. 7

表 2-13　黏土岩原状样直剪强度试验成果

序号	取样位置	天然状态物理性指标						强度指标							
		含水量	比重	湿密度	干密度	孔隙比	饱和度	天然固结快剪		饱和固结快剪		天然快剪		饱和快剪	
								黏聚力	内摩擦角	黏聚力	内摩擦角	黏聚力	内摩擦角	黏聚力	内摩擦角
		ω (%)	G_s	ρ (g/cm^3)	ρ_d (g/cm^3)	e	S_r (%)	C_{cq} (kPa)	φ_{cq} (°)	C_q (kPa)	φ_q (°)	C_q (kPa)	φ_q (°)	C_q (kPa)	φ_q (°)
1	1 区	20.4	2.77	2.08	1.73	0.603	93.6					156.9	40.9		
2		20.4	2.77	2.09	1.74	0.596	94.9					89.5	42.2		
3		20.4	2.77	2.07	1.72	0.611	92.5							93.3	28.9
4		20.3	2.77	2.10	1.75	0.587	95.8							152.8	8.8
5		20.3	2.77	2.09	1.74	0.594	94.6			103.1	28.5				

表 2-14　黏土岩原状样残余强度试验成果

岩性	天然状态物理性指标						排水反复剪			
	含水量	比重	湿密度	干密度	孔隙比	饱和度	峰值强度		残余强度	
	ω (%)	G_s	ρ (g/cm^3)	ρ_d (g/cm^3)	e	S_r (%)	C_d (kPa)	φ_d (°)	C_r (kPa)	φ_r (°)
1 区黏土岩	20.4	2.77	2.07	1.72	0.611	92.5	36.0	14.2	5.2	9.1
	20.4	2.77	2.07	1.72	0.611	92.5	45.1	16.4	16.3	9.0
	20.4	2.77	2.07	1.72	0.611	92.5	42.4	9.7	38.4	3.7
	20.3	2.77	2.07	1.72	0.610	92.2	45.3	28.1	6.9	12.0

黏土岩直剪试验自然快剪、饱和快剪、饱和固结快剪的试验值差别不是很大。残余强度与峰值强度相比，衰减较大，C 值衰减为原值的 0.2 ~ 0.3 倍，φ 值衰减为原值的 0.4 ~ 0.5 倍。与泥灰岩相比，残余值较峰值衰减更明显。

B. 室内三轴试验

(1)泥灰岩原状样三轴固结排水试验成果见表 2-15，剪切破坏形式见图 2-23，应力—应变、体变—应变关系曲线及强度包络线见图 2-24 ~ 图 2-26。

表 2-15　泥灰岩原状样三轴固结排水试验成果

<table>
<tr><td colspan="10">泥灰岩原状样(Φ101 mm)　$\omega=18.5\%$，$\rho_d=1.75\ g/cm^3$</td></tr>
<tr><td colspan="2">σ_3 (kPa)</td><td>σ_1 (kPa)</td><td colspan="2">E_i (kPa)</td><td>$(\sigma_1-\sigma_3)_{ult}$ (kPa)</td><td>R_f</td><td>B (kPa)</td><td>μ_i</td><td>D</td></tr>
<tr><td colspan="2">100</td><td>389.3</td><td colspan="2">26 265.8</td><td>315.6</td><td>0.917</td><td>18 849.2</td><td>0.388</td><td>1.68</td></tr>
<tr><td colspan="2">200</td><td>696.8</td><td colspan="2">33 951.5</td><td>554.7</td><td>0.896</td><td>22 824.5</td><td>0.376</td><td>1.68</td></tr>
<tr><td colspan="2">300</td><td>952.1</td><td colspan="2">41 663.2</td><td>733.9</td><td>0.889</td><td>25 706.1</td><td>0.322</td><td>2.54</td></tr>
<tr><td>C_{CD} (kPa)</td><td>φ_{CD} (°)</td><td>K</td><td>n</td><td>K_b</td><td>m</td><td>F</td><td>G</td><td>R_f</td><td>D</td></tr>
<tr><td>34.4</td><td>28.5</td><td>260.5</td><td>0.414 6</td><td>188.3</td><td>0.281 7</td><td>0.128 7</td><td>0.395 4</td><td>0.900 3</td><td>1.966 7</td></tr>
</table>

围压 100 kPa　　围压 200 kPa　　围压 300 kPa

图 2-23　泥灰岩原状样三轴固结排水试验剪后试样

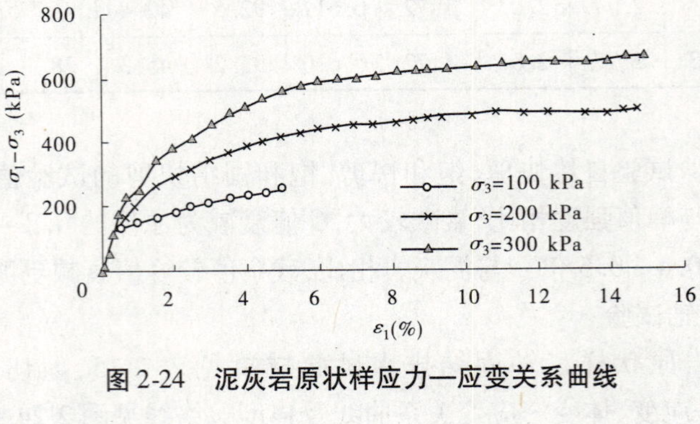

图 2-24　泥灰岩原状样应力—应变关系曲线

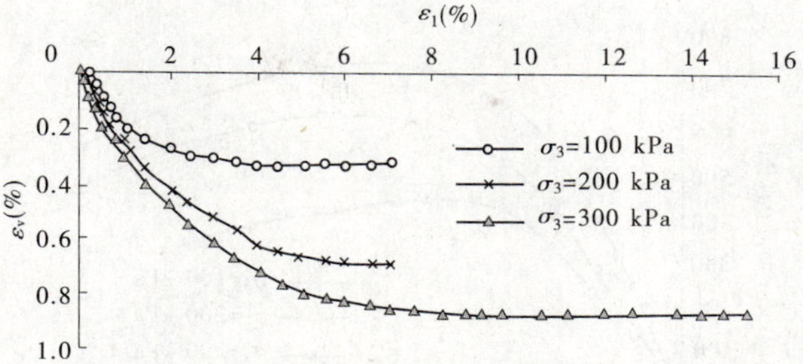

图 2-25　泥灰岩原状样体变—应变关系曲线

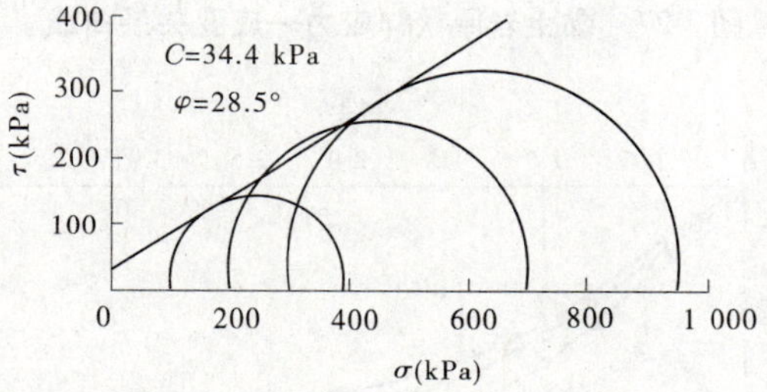

图 2-26　泥灰岩原状样强度包络线

（2）黏土岩原状样三轴试验成果见表 2-16，应力—应变、体变—应变关系曲线及强度包络线见图 2-27 ~ 图 2-29，试样剪切破坏形式见图 2-30。

表 2-16　黏土岩原状样三轴试验

含水量（%）	干密度（g/cm^3）	σ_3（kPa）	σ_1（kPa）	E_i（kPa）	$(\sigma_1-\sigma_3)_{ult}$（kPa）	R_f	B（kPa）	μ_i	D
25.4	1.69	100	538.5	72 095.0	876.4	0.500	77 483.3	0.406	3.74
24.5	1.68	200	826.5	66 761.6	1 769.9	0.354	87 579.6	0.398	3.59
24.9	1.70	300	1 031.3	11 2674.5	1 367.7	0.535	90 681.9	0.380	4.30
C_{CD}（kPa）	φ_{CD}（°）	K	n	K_b	m	F	G	R_f	D
96.1	25.2	661.4	0.350 7	779.177 1	0.146 8	0.051 2	0.408 0	0.463 0	3.873 5

C. 现场大型直剪试验

在不同试验区分别对泥灰岩和黏土岩进行了 3 组现场大型剪切试验（见表 2-17和表 2-18）。

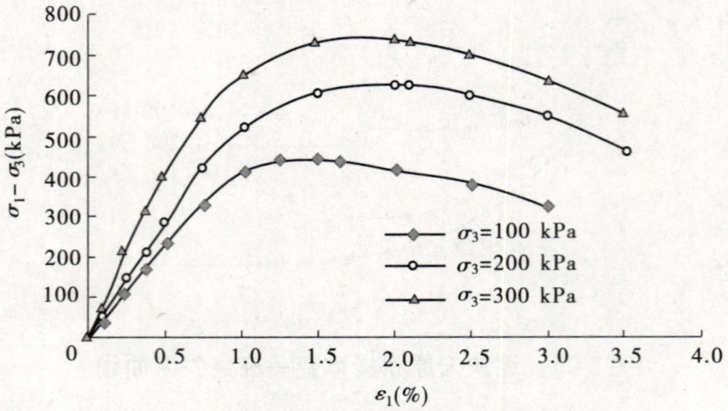

图 2-27　黏土岩原状样应力—应变关系曲线

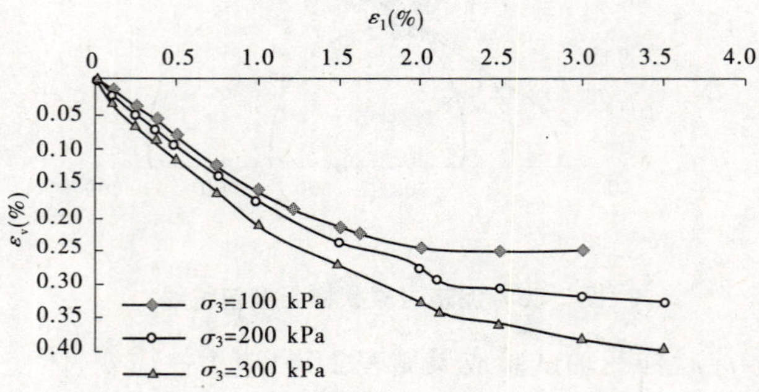

图 2-28　黏土岩原状样体变—应变关系曲线

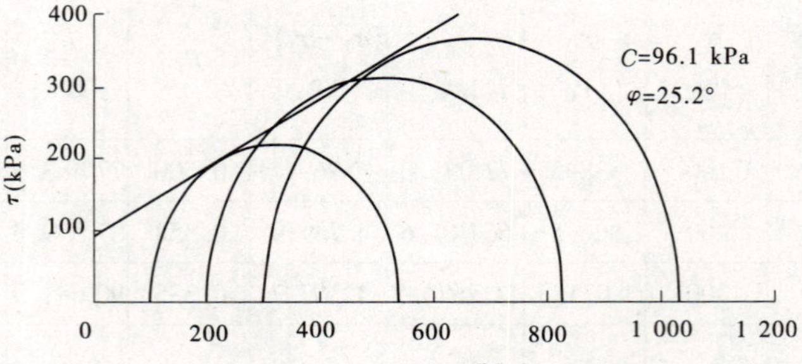

图 2-29　黏土岩原状样强度包络线

大型直剪强度指标与物理指标间存在如下关系：

(1)泥灰岩现场直剪强度随试样干密度增大而增大，尤其是内摩擦角，1 区泥灰岩干密度最大，其内摩擦角也最大，3 区与 7 区的内摩擦角较一致，这是因为干密度大，其粗粒含量也高，粗粒含量对内摩擦角的贡献显著。

围压 100 kPa　　围压 200 kPa　　围压 300 kPa

图 2-30　黏土岩原状样不同围压下的三轴剪切破坏形式

表 2-17　膨胀岩现场直剪强度指标

岩性	强度指标类型	黏聚力（kPa）	内摩擦角（°）	含水量（%）	干密度（g/cm^3）	自由膨胀率（%）	说明
1 区泥灰岩	峰值强度	84.9	45.0	10.9	1.79	41	桩号：SY0 + 120 ~ SY0 + 128，高程：104 m 偏右岸距中轴线 5.49 m
3 区泥灰岩	峰值强度	64.4	32.6	17.1	1.74	40	桩号：SY0 + 248 ~ SY0 + 258，高程：102 m 偏左岸距中轴线 17 m
	残余强度	35.2	29.0				
7 区泥灰岩	峰值强度	115.8	30.5	14.9	1.78	49	桩号：SY0 + 580 ~ SY0 + 590，高程：106 m 偏右岸距中轴线 22 m
	残余强度	89.4	26.4				
1 区黏土岩裂隙带结构面	峰值强度	68.6	17.6	23.0	1.60	62	桩号：SY0 + 040 ~ SY0 + 050，高程：95 m 偏左岸距中轴线 3.0 m
	残余强度	48.1	13.0				
2 区黏土岩非结构面	峰值强度	34.7	20.6	24.0	1.55	56	桩号：SY0 + 178 ~ SY0 + 188，高程：101 m 偏右岸距中轴线 23.0 m
2 区黏土岩裂隙结构面	峰值强度	32.2	8.0	24.0	1.52	73	桩号：SY0 + 178 ~ SY0 + 188，高程：101 m 偏右岸距中轴线 23.0 m
3 区黏土岩	峰值强度	167.8	29.1	21.0	1.67	50	桩号：SY0 + 228 ~ SY0 + 238，高程：98 m 中轴线处
	残余强度	70.4	21.3				
7 区黏土岩	峰值强度	163.0	29.7	23.6	1.61	60	桩号：SY0 + 590 ~ SY0 + 600，高程：98 m 偏左岸距中轴线 15.0 m
	残余强度	66.6	20.8				
	残余强度	42.7	16.2				

(2)泥灰岩现场直剪的黏聚力随试样含水量增大而减小,这是因为非饱和吸力引起了“假黏聚力”的贡献;在含水量较低时,自由膨胀率高的试样其胶粒、黏粒含量也高,此时胶粒、黏粒含量对黏聚力的贡献比含水量大,因此7区泥灰岩现场直剪黏聚力较1区大些。

(3)黏土岩现场直剪试样的自由膨胀率为50%~73%,属于中、弱膨胀性;黏土岩试样按剪切面形式可分裂隙结构面(剪切面刚好为结构面)、裂隙带结构面(剪切面由非贯穿性结构面组合而成)、非结构面(抗剪断)三类;裂隙结构面峰值强度指标:黏聚力为32.2 kPa,内摩擦角为8.0°;裂隙带结构面峰值强度指标:黏聚力为68.6 kPa,内摩擦角为17.6°;非结构面峰值强度指标:黏聚力为34.7~167.8 kPa,平均值为121.8 kPa,内摩擦角为20.6°~29.7°,平均值为26.5°。

(4)黏土岩自由膨胀率越高,其胶粒、黏粒含量越高,越容易形成裂隙结构面,裂隙发育稍差的形成裂隙带结构面,显式裂隙不发育的为非结构面,黏土岩的强度随裂隙发育程度的增大而减小,因此裂隙结构面强度最低,裂隙带结构面次低,非结构面强度最高;在自由膨胀率相差不大的情况下,干密度是影响强度高低的主要因素,干密度越高,其粗粒含量越高,因此7区黏土岩的现场直剪强度指标均比2区黏土岩非结构面的大些。

3)膨胀岩的渗透性

根据现场水文试验(压水试验)成果,黏土岩一般具微-弱透水性,泥灰岩一般具弱透水性,局部成岩差,裂隙、岩溶发育的泥灰岩具中等透水性。

根据膨胀性的不同,将膨胀岩的压缩性、抗剪性试验成果分别统计于表2-19~表2-21。

2.3.2.3 膨胀岩胀缩变形及崩解特性

膨胀岩的膨胀性是指膨胀岩中的亲水性黏土矿物在吸水后产生的膨胀变形,失水后体积收缩产生干裂的特性。膨胀岩的膨胀潜势与亲水性黏土矿物的含量成正比关系。

1)膨胀潜势

膨胀岩的膨胀潜势按自由膨胀率分为弱、中等和强3个等级。根据勘探期间膨胀性试验结果统计可知,沙河南—黄河南段上第三系膨胀岩共做自由膨胀率试验1 175组,具膨胀潜势的有937组,占试验总组数的79.7%;黄河北—漳河南段上第三系膨胀岩共做自由膨胀率试验1 353组,具膨胀潜势的有640组,占试验总组数的47.3%。

经统计,沙河南—黄河南段渠段膨胀岩具弱膨胀潜势的有644组,占试验总

表 2-18　膨胀岩现场直剪试样物理性质指标

现场直剪试样	颗粒组成											液限	塑限	塑性指数
	砾		砂粒				粉粒			黏粒	胶粒			
	10 ~ 5 mm (%)	5 ~ 2 mm (%)	2 ~ 1 mm (%)	1 ~ 0.5 mm (%)	0.5 ~ 0.25 mm (%)	0.25 ~ 0.1 mm (%)	0.1 ~ 0.075 mm (%)	0.075 ~ 0.05 mm (%)	0.05 ~ 0.005 mm (%)	<0.005 mm (%)	<0.002 mm (%)	ω_{17L} (%)	ω_P (%)	I_{17P}
1 区泥灰岩	12.7	17.1	9.6	6.6	2.8	0.9	2.0	3.2	19.4	25.7	12.6			
7 区泥灰岩	4.2	11.2	5.3	1.6	0.4	0.9	0.7	2.4	34.2	39.1	23.0			
1 区黏土岩								2.9	28.6	68.5	44.8	59.9	27.8	32.2
2 区黏土岩								8.7	49.0	42.3	25.4			
7 区黏土岩		1.8	0.8	1.3	2.6	13.2	3.0	6.9	26.5	44.0	29.5	49.0	23.2	25.8

注:表中 2 区黏土岩颗分、液塑限指标为非结构面指标,2 区裂隙结构面的胶粒、黏粒含量比非结构面要高。

表 2-19　沙河南—黄河南段黏土岩的力学性试验成果

膨胀性	压缩		抗剪						残余快剪			
	压缩系数	压缩模量	自然快剪		饱和快剪		饱和固结快剪		破坏强度		残余强度	
	a_v	E_s	C	φ	C	φ	C	φ	C	φ	C	φ
弱	0.03 ~ 0.38 (145)	3.6 ~ 86.6 (145)	28 ~ 120 (13)	8.6 ~ 30.4 (13)	3 ~ 127 (211)	2.0 ~ 37.7 (211)	6 ~ 122 (56)	10.1 ~ 36.7 (56)	23 ~ 96 (12)	11 ~ 25.3 (12)	4 ~ 35 (12)	4 ~ 21.4 (12)
中	0.05 ~ 0.37 (108)	4.6 ~ 35.2 (108)	14 ~ 112 (22)	4 ~ 39.1 (22)	10 ~ 95 (133)	2.2 ~ 33.3 (133)	8 ~ 99 (50)	6 ~ 39.4 (50)	7 ~ 79 (29)	3.8 ~ 25.7 (29)	5 ~ 44 (23)	3.6 ~ 17.9 (23)
强	0.16 ~ 0.20 (5)	9.5 ~ 10.6 (5)			48 ~ 49 (2)	9.6 ~ 13.5 (2)						

注:括号内数据为试验组数。

表 2-20　黄河北—漳河南段泥灰岩的力学性试验成果

膨胀性	压缩		抗剪						残余快剪			
	压缩系数	压缩模量	自然快剪		饱和快剪		饱和固结快剪		破坏强度		残余强度	
	a_v	E_s	C	φ	C	φ	C	φ	C	φ	C	φ
弱	0.02～0.13 (18)	8.36～78 (18)	25～193 (11)	23.1～35.5 (11)	18～152 (21)	8.4～31.5 (21)	31～111 (12)	11.1～33 (12)	17～58 (5)	21.2～33.5 (5)	2～50 (5)	2.5～5.4 (5)
中	0.04～0.11 (11)	6.7～42.7 (11)	11～153 (17)	17.9～38.2 (17)	8～78 (24)	11.6～39.4 (24)	14～62 (11)	14.7～35.9 (13)	5～70 (9)	18.2～34 (9)	4～35 (9)	1.8～30 (9)

注:括号内数据为试验组数。

表 2-21　黄河北—漳河南段黏土岩的力学性试验成果

膨胀性	压缩		抗剪						残余快剪			
	压缩系数	压缩模量	自然快剪		饱和快剪		饱和固结快剪		破坏强度		残余强度	
	a_v	E_s	C	φ	C	φ	C	φ	C	φ	C	φ
弱	0.02～0.14 (33)	13.2～71.6 (33)	29～191 (11)	5.6～39.9 (11)	33～151 (40)	5.1～45.4 (40)	7～141 (33)	15.8～45.5 (33)	31～71 (4)	11.3～31.1 (4)	3～53 (4)	3.3～15.2 (4)
中	0.06～0.13 (15)	12.6～28.7 (15)	14～153 (8)	16.2～31.1 (8)	8～88 (18)	9.2～38.8 (18)	9～90 (13)	15.6～33.6 (13)	7～79 (29)	3.8～25.7 (29)	5～44 (23)	3.6～17.9 (23)

注:括号内数据为试验组数。

组数的 54.8%，具中等膨胀潜势的有 247 组，占试验总组数的 21.0%，具强膨胀潜势的有 46 组，占试验总组数的 3.9%；黄河北—漳河南段具弱膨胀潜势的有 463 组，占试验总组数的 34.2%，具中等膨胀潜势的有 165 组，占试验总组数的 12.2%，具强膨胀潜势的有 12 组，占试验总组数的 0.9%。膨胀岩膨胀性试验成果统计见表 2-22。

表 2-22　膨胀岩膨胀性试验成果

成因时代				N_{2L}	N_{2L}
岩性				泥灰岩	黏土岩
分布厚度(m)				4～31	1.3～18
膨胀性试验	自由膨胀率	$\delta_{ef}<40$	δ_{ef}(%)	5～38 (266)	11～39 (166)
膨胀性试验	自由膨胀率	$40\leqslant\delta_{ef}<65$	δ_{ef}(%)	40～60 (77)	40～64 (1 107)
膨胀性试验	自由膨胀率	$65\leqslant\delta_{ef}<90$	δ_{ef}(%)		65～89.5 (412)
膨胀性试验	自由膨胀率	$\delta_{ef}\geqslant90$	δ_{ef}(%)		90～135 (58)
膨胀性试验	膨胀力		P_e(kPa)	41.7～1 000 (21)	25～1 000 (112)
膨胀性试验	各级压力下膨胀率	0 kPa	δ_{ep}(%)		
膨胀性试验	各级压力下膨胀率	25 kPa	δ_{ep}(%)		
膨胀性试验	各级压力下膨胀率	50 kPa	δ_{ep}(%)	−0.91～1.98 (12)	−3.7～10.2 (96)
膨胀性试验	各级压力下膨胀率	100 kPa	δ_{ep}(%)		
膨胀性试验	线缩率		δ_{si}(%)	0.75～8.2 (14)	0.16～6.52 (25)
膨胀性试验	收缩系数		λ_s	0.12～0.72 (14)	0.02～0.55 (25)
膨胀性试验	缩限		W_s(%)	4.5～18 (14)	5.1～21.2 (25)
膨胀性试验	收缩指数		(%)	29～40.4 (9)	30～46.6 (10)
膨胀性试验	体缩		δ_v(%)	2.4～26.5 (14)	4.3～19.8 (25)
膨胀等级				弱	弱－中等

注：括号内数据为试验组数。

根据试验成果分析，泥灰岩一般具弱膨胀潜势，黏土岩以弱膨胀潜势为主，次为中等膨胀潜势，局部为强膨胀潜势。据各场点的试验成果分析，膨胀岩的膨胀潜势在空间分布上的随机性较大，反映了膨胀岩的膨胀潜势在水平方向和垂直方向的不均匀性。

根据室内膨胀性试验，结合试验段现场开挖情况，上第三系膨胀岩一般具如下特征：

(1)成岩较好的坚硬膨胀岩一般不具膨胀潜势。

(2)具弱膨胀潜势的膨胀岩特点：黏土岩颜色多为棕黄、棕红色，局部杂少量灰绿色，黏粒（黏土矿物）含量相对较少。成岩较差，岩性不均，含有钙质团块，局部含砂。网状裂隙不太发育，软弱结构面较少，遇水膨胀、失水干裂性能相对较弱，风干后遇水崩解速度较慢；野外地表多表现为低丘。

泥灰岩多为灰黄、灰白杂灰黄色，含钙质团块，碳酸钙或碳酸镁含量较高，成岩较好，岩芯多呈坚硬柱状、块状。遇水膨胀性弱或不膨胀，风干后遇水不易崩解，网状裂隙不发育，软弱结构面较少，不易风化；野外地表多表现为低丘，并见有直立边坡。

(3)具中等或强膨胀潜势的膨胀岩特点：黏土岩多呈棕红色，杂大量灰白、灰绿色；黏粒（黏土矿物）含量较高；成岩差，遇水膨胀，失水干裂性能较强，崩解速度快；网状裂隙及软弱结构面发育，裂面光滑，并见有擦痕，裂隙及结构面间充填灰绿色黏土矿物，含水量一般较高；野外天然边坡较缓，新开挖的边坡旱季剥落、雨季滑塌现象严重。

2)膨胀力

膨胀力是指岩土体在吸水膨胀过程中，伴随体积增大而产生的应力，膨胀岩的膨胀力与膨胀岩的天然含水量和干密度有一定的关系。膨胀力一般随含水量的增加逐渐减小（见图2-31），随干密度的增加而逐渐增大（见图2-32）。

一般黏土岩的膨胀力 $P_e = 25 \sim 1\,000$ kPa，50 kPa 下的膨胀率为 $-3.7 \sim 10.2$ kPa；成岩差的泥灰岩的膨胀力 $P_e = 46 \sim 1\,000$ kPa，50 kPa 下的膨胀率为 $-0.91 \sim 1.98$ kPa。

由于黏土岩或泥灰岩岩性不均一，含有钙质团块，加之取样扰动等因素，膨胀力数据差异较大。

3)收缩特性

膨胀岩吸水后膨胀，失水后产生收缩，两者是对立统一的。膨胀岩失水收缩后裂隙面张开，岩体完整性被破坏，强度大大降低，影响渠道边坡的稳定性。

收缩性随膨胀性的逐渐减小，与膨胀岩的天然含水量成正比，随着含水量的减少，收缩率愈来愈小。

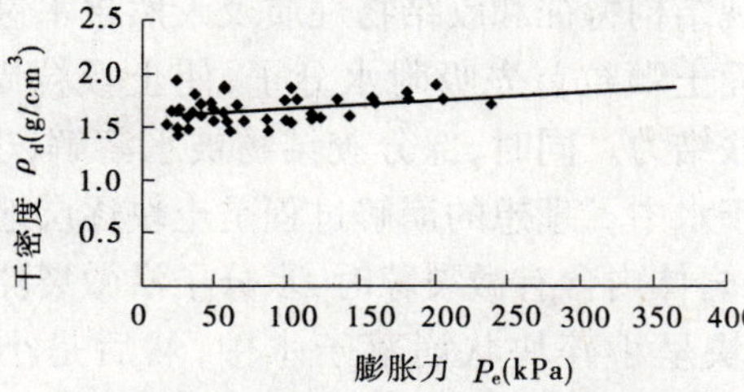

(a)黏土岩干密度与膨胀力关系曲线

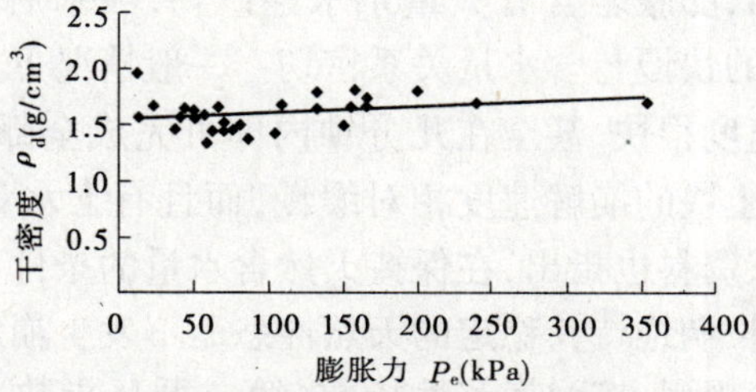

(b)泥灰岩干密度与膨胀力关系曲线

图 2-31 含水量与膨胀力关系曲线

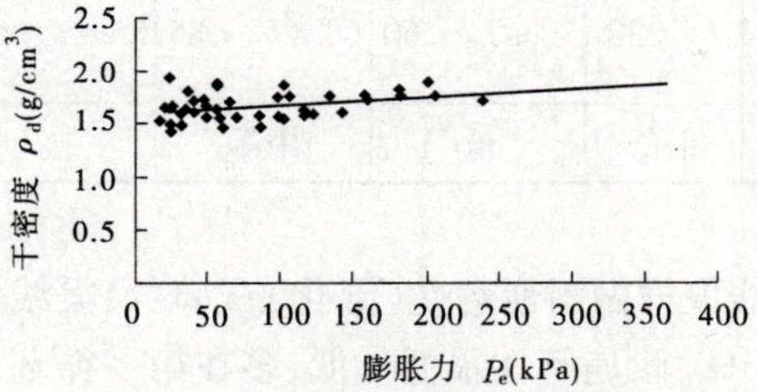

(a)黏土岩干密度与膨胀力关系曲线

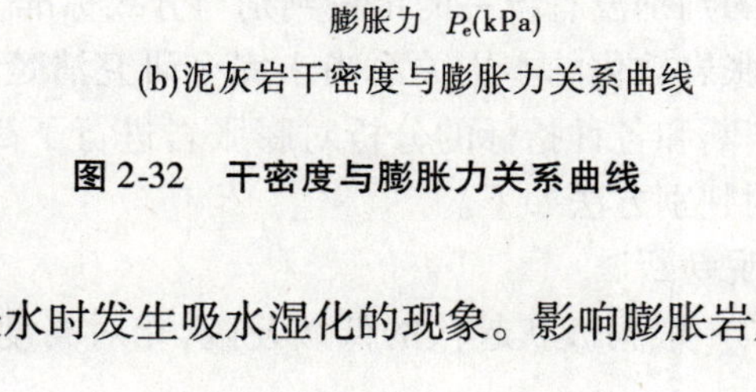

(b)泥灰岩干密度与膨胀力关系曲线

图 2-32 干密度与膨胀力关系曲线

4）崩解

崩解是膨胀岩浸水时发生吸水湿化的现象。影响膨胀岩崩解性强弱的因素主要有矿物组成、微观结构特征和胶结物性质及天然含水量等。

岩体浸水后,表面土颗粒首先吸附水分子,使土颗粒周边结合水膜迅速增厚,削弱了颗粒间的联结力。同时,部分胶结物被水溶解,也破坏了颗粒间的结构联结,使颗粒崩落于水中。理想的崩解过程是土块逐层地崩落于水中,直至形成坍塌状态,但是,当岩体内含有微裂隙时,水分子沿微裂隙浸入,崩解过程可能发生演变,首先是土块呈小碎块状崩落于水中,然后是小碎块由外及内缓慢坍塌。

实践资料表明,膨胀岩含有大量亲水性矿物,吸水后普遍具有较强的崩解性,而且崩解速度的快慢与含水量关系密切。一般情况下,含水量很低的烘干岩样在水中的崩解速度很快,甚至在几分钟内即可完成全部的崩解过程。但在天然含水量状态下,土块的崩解速度相对缓慢,而且有含水量越高,崩解速度越慢的规律。一些文献资料也指出,在保持天然含水量的条件下,未经扰动的膨胀性泥岩,在水中可以长期维持其稳定的天然性态而不发生崩解破坏。

根据有关试验规程,按耐崩解性指数(第二循环指数 I_{d2}),将岩石的耐崩解性分为 6 个等级,见表 2-23 。

表 2-23　岩石的耐崩解性分级

耐崩解性指数 I_{d2}(%)	$I_{d2}<30$	$30\leqslant I_{d2}<60$	$60\leqslant I_{d2}<85$	$85\leqslant I_{d2}<95$	$95\leqslant I_{d2}<98$	$I_{d2}\geqslant 98$
耐崩解性分类等级	很低	低	中等	中高	高	很高

勘察期间沿渠线取样做耐崩解性(湿化)试验:沿渠线上第三系黏土岩耐崩解性指数为 0 ~ 46.3% ,耐崩解性很低 – 低,多在第一循环已崩解完。由此说明上第三系黏土岩和大部分泥灰岩对软化及崩解作用的抵抗能力都很低。

2.4　膨胀岩的判别与分类

2.4.1　膨胀岩判别方法综述

目前,膨胀岩的判别没有统一的定量判别与分级标准,对膨胀力学机制的认识才刚刚起步,膨胀岩软化的本构关系尚未完全研究清楚。国内外的学者通过野外岩样的直观判断和各种指标的分析对膨胀岩进行了简单判别和定量判别,其中具有代表性的判别方法如下。

2.4.1.1　野外直观判断法

(1)地貌特征:一般为波状起伏的低缓丘陵,相对高度为 20 ~ 30 m,丘顶浑圆，坡面圆顺，无天然陡坡，坡度缓于30°，岗丘之间以宽阔的U形阔地相间。

(2)岩性特征：灰白色、灰绿色、灰黄色、紫红色和灰色泥岩、泥质粉砂、页岩、风化的泥灰岩、风化的基性岩浆岩、蒙脱石化的凝灰岩等。岩石遇水后手摸有油腻感。

(3)结构构造特征：岩层多为中厚层或薄层，裂隙发育，隙壁周围常有异种灰白、灰绿色物质充填或替代，岩体中的波状结构面光滑且有擦痕。

(4)野外风化特征：风化裂隙发育，岩体被切割成10～20 cm碎块。易风化剥落。干燥岩块泡水后崩解呈碎块或碎片。天然含水岩块在暴晒下失水产生细微裂隙。

2.4.1.2 崩解特征判断法

膨胀岩的崩解特征可以通过崩解试验进行观察。观察崩解特征，判别膨胀性的大小。

样品在水中的破坏性可分为四类(见表2-24)。其中，Ⅰ、Ⅱ类可作为亲水的膨胀岩予以重点测试与研究。Ⅲ类则主要是由于微节理或裂隙的存在而产生的机械破坏，但不是膨胀岩。Ⅳ类可作为不亲水的非膨胀岩。

表2-24 膨胀岩崩解类型及特征

崩解分类	崩解物形态	崩解特征
Ⅰ	泥状	浸入水中即刻"土崩瓦解"
Ⅱ	碎屑泥、碎块泥	浸入水中呈絮状、粉末状崩落，短则几分钟，长则20 min，样品即崩解完毕，崩解物为粒状、片状碎屑或碎块，但用手搓仍为泥
Ⅲ	碎岩片、碎岩块	浸入水中呈块状崩裂塌落或片状开裂，全部样品崩解完毕需一至数小时，崩解物为碎岩片或碎岩块
Ⅳ	整体块状	浸入水中经数天、半月，或更长时间都不发生崩解破坏，或仅在局部沿隐微裂隙、节理开裂

2.4.1.3 根据自由膨胀率判别

根据现有研究成果，自由膨胀率大于30%的岩石就具有很大的膨胀力，因此把自由膨胀率小于30%的岩石判断为非膨胀岩，大于或等于30%的判断为膨胀岩。其中，自由膨胀率30%～50%的为微膨胀岩，50%～70%的为弱膨胀岩，大于70%的为强膨胀岩。

2.4.1.4 根据岩块干燥饱和吸水率判别

岩块干燥饱和吸水率反映了岩石矿物成分的亲水特征和结构连接特征。一般可将干燥饱和吸水率大于或等于10%的岩石初判为膨胀岩。其中,岩块干燥饱和吸水率10% ~30%的为微膨胀岩,30% ~50%的为弱膨胀岩,大于50%的为强膨胀岩。

2.4.1.5 根据极限膨胀量判别

极限膨胀量能充分反映原状结构下岩石的膨胀特性。极限膨胀量在5%以下的岩石湿化后不崩解、不软化,保持原始形态不变,可判断为非膨胀岩,而极限膨胀量大于或等于5%的则可判断为膨胀岩。其中,极限膨胀量5% ~10%的为微膨胀岩,10% ~20%的为弱膨胀岩,大于20%的为强膨胀岩。

2.4.1.6 根据极限膨胀力判别

极限膨胀力不仅能反映出岩石的矿物成分,还能反映出岩石的结构和胶结程度。试验研究认为,极限膨胀力小于100 kPa的为非膨胀岩,大于或等于100 kPa的为膨胀岩。其中,极限膨胀力100 ~300 kPa的为微膨胀岩,300 ~500 kPa的为弱膨胀岩,大于500 kPa的为强膨胀岩。

2.4.1.7 根据岩石的比表面积判别

不同的黏土矿物具有不同的结构形式,主要的黏土矿物,如蒙脱石、伊利石、高岭石的比表面积都比较大,可以根据比表面积来判别岩石的膨胀性。一般可将比表面积大于或等于50 m^2/g的岩石初判为膨胀岩。其中,比表面积50 ~100 m^2/g的为微膨胀岩,100 ~300 m^2/g的为弱膨胀岩,大于300 m^2/g的为强膨胀岩。

综合上述,膨胀岩的判别标准多种多样,各不相同,其判别和分类一直是工程界关心的问题。

2.4.2 判别指标的选取

目前,勘察、设计有关的规程规范及参考设计手册对膨胀岩工程地质特性的基础资料和研究资料很有限,对膨胀岩的判别、分类标准也没有统一标准。多数采用《膨胀土地区建筑技术规范》(GBJ 112—87)中的膨胀潜势分级标准,该标准为单一指标分类,即采用自由膨胀率分级,没有考虑土体的结构、初始含水量、固结程度等指标。

能否充当膨胀岩判别指标,主要看它是否符合以下情况:①能反映膨胀岩的本质;②指标的测定简单便捷;③指标数据可靠,重现性好。为合理判别膨胀岩,必须认真研究反映膨胀岩基本性质各指标间的关系,以及这些指标的组合规律。

对膨胀岩进行判别和分类,单一指标的获取都具有片面性、随机性和不确定性,靠单一指标对膨胀岩进行判别和分类不能全面反映其工程特性,有时甚至会出现误判、漏判。因此,采用能够反映膨胀岩本质的指标进行多指标联合分析是一个较理想的做法。

2.4.3 判别方法

2.4.3.1 常规判别

水利行业相关规范及对膨胀岩的膨胀潜势判别多是参照《膨胀土地区建筑技术规范》(GBJ 112—87)中规定的根据自由膨胀率的判别,见表2-25。

表2-25 膨胀土膨胀潜势的判别

自由膨胀率(%)	$40 \leq \delta_{ef} < 65$	$65 \leq \delta_{ef} < 90$	$\delta_{ef} \geq 90$
膨胀潜势	弱	中	强

膨胀岩与膨胀土都具有吸水膨胀、失水干缩的特性,但由于膨胀岩在基本力学性质、膨胀机制、空间分布上的复杂性,二者仍旧存在很大的差别。因此,对膨胀岩进行多指标判别的尝试,可避免单指标带来的不准确性。

2.4.3.2 多指标判别

笔者将黄河北—漳河南段、沙河南—黄河南段的膨胀岩的物理力学指标进行统计分析,尝试进行不同岩性多指标的快速判别方法的研究。

(1)黄河北—漳河南段泥灰岩的物理力学指标统计见表2-26。

表2-26 黄河北—漳河南段泥灰岩的物理力学指标范围值

类别	指标	组数	最小值	最大值	平均值
弱膨胀岩	胶粒含量	25	13.1	37.6	25.236
	黏粒含量	25	21.9	63.7	40.844
	液限	25	27.5	53	38.328
	塑限	25	16.2	29.2	21.72
中膨胀岩	胶粒含量	5	17.3	29	22.2
	黏粒含量	5	29.1	45.7	36.82
	液限	5	39.3	58.4	49.2
	塑限	5	21.1	32.7	26.68

由于黄河北—美河北段的膨胀岩绝大部分为弱、中膨胀岩,因此仅仅统计了弱、中膨胀岩的判别指标的范围值。对比弱、中膨胀岩的胶粒含量和黏粒含量的最大值,中膨胀岩低于弱膨胀岩。分析其原因,可能与中膨胀岩试验数据太少有关。对比弱、中膨胀岩的液限、塑限,中膨胀岩大于弱膨胀岩。研究认为,当胶粒

含量大于15%、黏粒含量大于30%、液限大于30%、塑限大于20%时,可以判定其为膨胀岩。对膨胀岩的膨胀潜势进行等级划分时,还应结合黏土矿物成分含量、有压膨胀率、阳离子交换能力等综合分析。

(2)黄河北—漳河南段黏土岩的物理力学指标统计见表2-27。

由于黄河北—漳河南段的膨胀岩绝大部分为弱、中膨胀岩,因此仅仅统计了弱、中膨胀岩的判别指标的范围值。

表2-27　黄河北—漳河南段黏土岩的物理力学指标范围值

类别	指标	组数	最小值	最大值	平均值
弱膨胀岩	液限	33	24.6	54.7	42.78
	黏粒含量	33	21.1	51	36.74
	胶粒含量	33	11.7	34	21.7
中膨胀岩	液限	11	34.3	63.5	50.37
	黏粒含量	11	21.4	65.8	43.8
	胶粒含量	11	10	48	28.71

可以看出,中膨胀岩对比弱膨胀岩各指标的平均值均有提高。对比液限、黏粒含量、胶粒含量三个指标,二者的界限不是非常明显。当液限大于30、黏粒含量大于30、胶粒含量大于20时,可以判定为膨胀岩;当液限大于50、黏粒含量大于50、胶粒含量大于30时,可以判定为中膨胀岩。

(3)沙河南—黄河南段黏土岩多指标判别见表2-28。

表2-28　沙河南—黄河南段黏土岩判别指标的范围值

类别	指标	组数	最小值	最大值	平均值
弱膨胀岩	液限	98	30.00	55.30	41.44
	黏粒含量	98	18.20	48.70	30.06
	胶粒含量	98	6.00	35.60	18.48
中膨胀岩	液限	50	36.10	62.60	49.61
	黏粒含量	50	16.80	54.00	34.82
	胶粒含量	50	10.00	39.00	21.67
强膨胀岩	液限	9	47.20	66.80	54.44
	黏粒含量	9	22.20	47.50	35.57
	胶粒含量	9	5.10	42.00	22.82

从表2-28中可以看出,沙河南—黄河南段黏土岩的液限、黏粒含量、胶粒含

量的平均值随膨胀潜势的增大而增大。当液限大于32、黏粒含量大于20、胶粒含量大于12时，可以判定为膨胀岩。由于黏粒含量和胶粒含量在不同膨胀潜势下的界限不是很明显，因此对膨胀岩的膨胀潜势进行等级划分时，还应结合黏土矿物成分含量、有压膨胀率、阳离子交换能力等综合分析。

将黄河北—羑河北段和沙河南—黄河南段的液限、黏粒含量、胶粒含量的范围值统计如表2-29所示。

表2-29　膨胀岩液限、黏粒含量、胶粒含量的范围值

类别	指标	组数	最小值	最大值	平均值
弱膨胀岩	液限	156	24.6	55.3	41.23
	黏粒含量	156	18.2	63.7	33.2
	胶粒含量	156	6	37.6	20.24
中膨胀岩	液限	66	34.3	63.5	49.7
	黏粒含量	66	16.8	65.8	36.47
	胶粒含量	66	10	48	22.88
强膨胀岩	液限	9	47.20	66.80	54.44
	黏粒含量	9	22.20	47.50	35.57
	胶粒含量	9	5.10	42.00	22.82

统计结果表明：当液限大于32、黏粒含量大于20、胶粒含量大于12时，可以初步判定为膨胀岩；当液限为32～48时，可以判定为弱膨胀岩；当液限为44～57时，可以判定为中膨胀岩；当液限为50～60时，可以判定为强膨胀岩。

该判别方法简单、实用、快速，所用判别指标测试简单，不同的勘探阶段可以在时间紧、试验项目有限的情况下进行膨胀岩的初步判别，为工程建设节省时间，提高了工作效率。

2.4.3.3　南水北调工程的判别方法

南水北调中线工程膨胀岩渠坡膨胀等级划分仍以自由膨胀率作为划分膨胀等级的主要指标，同时兼顾其他宏观物理特征和其他指标，主要划分依据：自由膨胀率大于90%的为强膨胀潜势，自由膨胀率65%～90%的为中等膨胀潜势，自由膨胀率40%～65%的为弱膨胀潜势，自由膨胀率小于40%的不具膨胀潜势。

当渠段某层土体自由膨胀率大于 90% 的试样数大于该层试样总量的 1/3 时，该层定为强膨胀岩层，该渠段定为强膨胀岩渠段；当渠段某层土体自由膨胀率大于 65% 的试样数大于该层试样总量的 1/3 时，则该层定为中等膨胀岩层，该渠段定为中等膨胀岩渠段；当渠段某层土体自由膨胀率大于 40% 的试样数大于该层试样总量的 1/3 时，则该层定为弱膨胀岩层，该渠段定为弱膨胀岩渠段。

第3章 膨胀岩渠坡的变形破坏特点与稳定分析

3.1 膨胀岩渠坡失稳模式

3.1.1 膨胀岩渠坡失稳模式

膨胀岩渠坡的失稳模式可分为以下三类：

(1)整体滑动。可分为深层滑动和浅层滑动，主要滑面形式有圆弧滑面、折线形滑面、组合滑面、不规则滑面。

(2)渐进破坏累积引起整体滑动。如膨胀岩吸水引起的膨胀力导致衬砌破坏，开挖卸荷等原因导致坡脚处首先出现剪切破坏，破坏时的强度为残余强度，坡顶裂缝灌水导致裂缝不断扩展，地下水浸入导致膨胀岩强度逐渐衰减等。

(3)局部陡坡倾倒或崩塌。

这三类失稳模式中又有多种表现形式，如浅层缓坡沿软弱水垫层滑动，沿裂隙或各种软弱结构面滑动，抗滑桩越桩滑动、沿桩间挤出或抗滑桩弯曲破坏，加筋材料、土钉、土锚拉断或拔出导致陡坡倾倒，挡土结构滑动导致主动土楔破裂滑动等。

导致膨胀岩渠坡变形失稳的原因有很多，其本质上的因素不外乎以下两类：

(1)膨胀岩的抗剪强度降低。本质上又可把抗剪强度降低分为三类原因：①由多种原因引起的膨胀岩抗剪强度参数降低，如干湿交替、胀缩循环、长期荷载作用、微裂隙发育、卸荷裂隙、应变软化、自由水累积形成软弱水垫层等原因；②由多种原因引起的土体法向有效应力降低，如开挖卸荷引起的侧限能力减小，渠道水位变动或地表径流引起边坡浸润线升高而导致的孔隙水压力增加，地震引起的超静孔隙水压力等；③由于非饱和区膨胀岩吸水湿化而导致的吸力降低或吸力丧失。

(2)膨胀岩渠坡受到的下滑荷载较大或滑坡推力增大。其可以由多种因素引起，如边坡裂缝充水时产生的水压力将增大滑坡推力，地震引起的下滑力增大，滑面下膨胀岩滑床吸水引起的对滑体土的膨胀推力，地下水渗透引起的渗透力等。

3.1.2 滑坡实例

该塌滑体(见图 3-1)发生在总干渠新乡潞王坟试验段试验桩号 SY1 + 179.7 ~ SY1 + 240.5 渠道左岸 2 ~ 4 级马道之间的渠坡上,在 19 d 的时间里曾 3 次在同一个区域发生滑动,塌滑体总长 60.8 m,塌滑体总方量约 900 m^3。

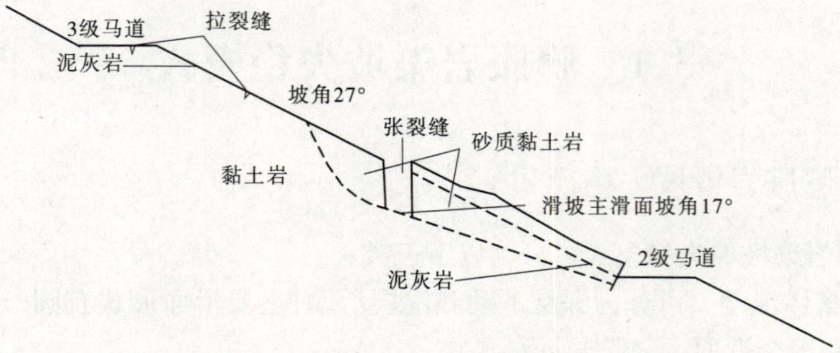

图 3-1　潞王坟试验段左岸滑坡体示意图

第一次塌滑发生在 2008 年 12 月 5 日上午 8:30 左右,塌滑体位于新乡潞王坟试验段桩号 SY1 + 209.8 ~ SY1 + 228.6 总干渠渠道左岸 2 ~ 3 级马道之间的斜坡上。该处 2 ~ 3 级马道之间的渠道边坡开挖尚未达到设计要求,当时正值施工单位在该处使用挖掘机进行修坡,塌滑体底部 2 级马道坡角处为一临空面;该处总干渠设计永久边坡为1:2.0。塌滑体从 3 级马道前缘下 5.4 ~ 6.6 m 开始滑动,拉张裂缝宽 0.3 ~ 0.8 m;沿总干渠走向长度为 18.8 m,顺渠道边坡倾向方向宽度为 6.0 m,相对高差约为 3.0 m,塌滑体最大厚度为 1.15 m,滑动体方量约 129.7 m^3(18.8 m × 1.15 m × 6.0 m)。同时,在滑动体上部(3 级马道以下)可见两条平行滑动体的小拉张裂缝联系,但延伸不长。在塌滑体上部发现一组 X 形剪切裂隙,产状为 141°∠88°、80°∠87°,将滑动体切割成几块。第一次塌滑体、第一次塌滑体上部牵引裂缝和剪切裂缝分别见图 3-2 ~ 图 3-4。

2008 年 12 月 12 日 17:00 左右,在总干渠新乡潞王坟试验段渠道左岸下游,第一次塌滑体左侧沿第一次塌滑体的主滑面向下游又发生了滑动,塌滑体位于新乡潞王坟试验段桩号 SY1 + 211.6 ~ SY1 + 240.5 渠道左岸 2 ~ 3 级马道之间的渠道斜坡面上,塌滑体沿总干渠走向长度为 28.9 m。同时,在滑动体上部(3 级马道以下)可见平行滑动体的小拉张裂缝,但延伸不长,下游剪裂缝较明显。在桩号 SY1 + 211.6 ~ SY1 + 228.6 段为第一次塌滑体和第二次塌滑体的复合部位,即与第一次塌滑体重叠部分。

2008 年 12 月 24 日上午,在总干渠新乡潞王坟试验段渠道左岸上游,第一

图 3-2　第一次塌滑体

图 3-3　第一次塌滑体上部牵引裂缝

图 3-4　第一次塌滑体剪切上部裂缝

次塌滑体右侧，新乡潞王坟试验段桩号 SY1+179.7～SY1+227.9 渠道左岸 2～4 级马道之间的渠坡上沿前两次塌滑体主滑面向上游又发生了滑动，塌滑体沿总干渠走向长度为 48.2 m，塌滑体最大深度约 1.55 m。这次塌滑体上游张裂缝较为明显（见图 3-5），同时，在塌滑体上见顺坡向裂隙（见图 3-6）；在桩号 SY1+209.8～SY1+227.9 段为第一次塌滑体和第三次塌滑体的复合部位，即与第一次塌滑体重叠部分。

图 3-5　第三次塌滑体上游剪切裂缝

图 3-6　第三次塌滑后滑体上的顺坡向裂缝

总干渠新乡潞王坟试验段塌滑体场区的地层岩性为上第三系黏土岩、砂质黏土岩和泥灰岩，岩性变化频繁，其中黏土岩以具中等膨胀潜势为主，部分为弱膨胀潜势，局部具强膨胀潜势。膨胀岩是一种特殊岩体，除具有一般土体所具有的物理力学性质外，还具超固结性、多裂隙性和胀缩性等工程地质特点。

工程场区区域地质构造线方向为近东西向、北西向和北东向。塌滑体两侧探槽中黏土岩等软岩岩体中有 5 组节理裂隙发育，其中第三组（走向 SW270°～

300°)、第四组(走向 SW300°~340°)较为发育,第一组(走向 NE0°~40°)、第二组(走向 NE50°~90°)次之。根据塌滑体现场地质编录成果可知,场区发育有三组地质结构面:第一组走向为 NE33°~47°,倾向为 123°~137°,倾角为 17°~20°;第二组走向为 NE36°~50°,倾向为 126°~140°,倾角为 65°~74°;第三组走向为 ES38°~175°,倾向为 48°~85°,倾角为 50°~71°。工程场区节理裂隙和地质结构面走向与区域断裂构造线方向基本一致。

从塌滑体三次滑动现场观测资料可以看出:塌滑体后缘的拉张裂隙、滑动体周边的剪切裂隙、滑动体后缘的滑坡壁和塌滑体的滑动面都与场区黏土岩等软岩岩体中的地质结构面(节理裂隙、层面或层间错动、软弱夹层等)密切相关。第一组、第二组地质结构面的产状基本反映了塌滑体主滑动面的产状特点,结构面的走向与总干渠的走向基本一致,倾向与渠道边坡倾向一致,滑动面后缘倾角较陡,角度为 65°~74°,滑动面中下部倾角渐变平缓,角度为 17°~20°,小于渠道施工开挖边坡坡角 27°~30°(1∶1.75~1∶2.0),低约 10°。塌滑体后缘滑壁可见滑动擦痕,滑动面见灰绿色及灰白色斑状黏土岩矿物薄膜(或称泥化夹层)。滑动体岩性主要为黏土岩和砂质黏土岩,滑动面以下滑床岩性为棕红色黏土岩。

综上所述,工程场区膨胀性黏土岩等软岩岩体中地质结构面的发育程度是渠道边坡稳定、塌滑体滑动的控制因素。

3.2 膨胀岩渠坡滑坡的地带特征

膨胀岩是一种典型的非饱和土类,它通常具有较好的剪切强度(黏聚力和内摩擦角值较高)和无侧限抗压强度。但是膨胀岩具有失水收缩和遇水膨胀的力学特性,导致了开挖膨胀岩渠坡在干湿循环的自然气候作用下,易发生反复胀缩,引起边坡表面土体裂隙的逐渐发展、土体强度不断衰减,加上开挖卸荷作用在坡脚产生的卸荷节理,更促使了土体边坡裂隙系统的发展。而裂隙系统的发展又大大增加了土体的渗透系数,扩展了干湿循环作用的范围,进一步加剧了土体强度的衰减,最后在边坡局部应力集中的表层产生剪切破坏(尤其在土岩界面、充水软弱结构面等部位)。这一恶性循环过程最后导致了边坡的渐进牵引式破坏,因此膨胀岩滑坡具有以下特点:

(1)牵引性。许多工程实践表明,膨胀岩滑坡绝大多数属于牵引式滑动。膨胀岩由于含有亲水性黏土矿物,在大气降水和蒸发作用下,使土体含水量变化较大,从而产生湿胀干缩循环,土的原始组构逐渐破坏,裂隙逐渐发展,抗剪强度降低,当膨胀土边坡土体强度降低,产生第一次滑动后,土体强度将继续衰减而产生连续破坏,发育形成第二次、第三次,甚至多次滑动,直至达到新的稳定平衡。各次滑动面相互继承贯通,形成多次牵引阶地叠瓦状。

(2)结构破坏性。滑坡位置相对集中,主要是诱发因素相同,膨胀岩裂隙发育和软弱结构面的位置相近。膨胀岩滑坡的产生都与膨胀岩内部的各种软弱结构面密切相关,而且几乎都是在原有各种倾向线路的软弱结构面的基础上发育形成的,这些软弱结构面在滑坡发育过程中产生渐进破坏,最后相互连接贯通形成完整的滑动面,使土体在重力作用下沿斜坡向下滑动。

(3)渐进性。膨胀岩边坡一般具有强度渐进衰减、出现多次滑动的特性,产生这种现象的原因主要与膨胀土的胀缩特性和强度特性有着密切的关系。土的往复胀缩变形,一方面表明土体本身的不稳定性,另一方面标志着风化营力的反复作用,进一步促使土的抗剪强度降低。

(4)浅层性。大多数滑坡都发生在浅层,很多滑面深度小于6 m,呈长条形。

(5)季节性。膨胀土滑坡大多发生在雨季或春融等多水时期。

(6)滑坡面平缓。沿1:5的坡度滑动的情况很常见。

(7)快速突然滑动特征。

(8)同一位置可多次滑动,反复滑坡。

(9)产生滑坡的时间相对集中,由于诱导因素相似所致。

3.3 膨胀岩强度特点及参数取值原则

在膨胀岩渠坡稳定性分析中,必须采取有效的算法,建立正确的计算模型,采用合理的强度模式和强度指标。膨胀岩强度指标的选取是个复杂的问题,目前关于膨胀岩土渠坡稳定强度选取的观点主要有:

(1)风化层理论认为,自地表向下强度随深度不同而变化,应分别取残余强度、残余强度与峰值强度的平均值及峰值强度。

(2)弹塑性分区理论认为剪切区滑段上取残余强度,其他段采用峰值强度。

(3)分期分带理论认为膨胀岩抗剪强度应考虑在地下水位上下采用不同的强度值、强度使用期限等。

膨胀岩的四大特性引起的微结构变化导致了其强度指标的衰减特性。膨胀岩的胀缩性、裂隙性、超固结性、长期荷载作用都会导致其微结构破坏。宏观表现在以下几方面:

(1)膨胀岩的胀缩性表现为吸水体积膨胀,失水体积收缩干裂,吸水内部吸力消失,且产生向外膨胀力,失水膨胀力消失而内部吸力极大增强。含水量的变化是引起膨胀岩胀缩变形的外因。胀缩循环之后，其强度指标将显著降低，且胀缩各向异性易在土体中形成剪应力，对边坡的稳定不利。

(2)膨胀岩的多裂隙性，膨胀岩普遍发育各种尺度、各种形态裂隙。宏观断面的抗剪强度很低，一般接近土体残余强度或低于残余强度，对边坡的深层稳定极其不利。

(3)膨胀岩的超固结性，使其受压时比一般黏性土具有更大的侧向压力，而卸荷时比一般黏性土产生更大的回弹膨胀，对挖方边坡均产生不利影响，并使膨胀岩渠坡体表现为渐进破坏的特性。超固结膨胀岩的应变软化特性表现明显，随变形增加，强度指标将逐渐下降到残余强度指标。

(4)在剪切荷载长期作用下，膨胀岩将在低应力下破坏，明显具有长期强度降低的特性。导致膨胀岩含水量变化的原因很多，而水是导致膨胀岩强度衰减的关键外因，对膨胀岩渠坡稳定性的影响尤其显著。

膨胀岩的强度模式可采用线性摩尔－库仑强度模式。在渠坡顶部由于干湿循环导致膨胀岩胀缩交替，渠坡上部一定范围内可能产生裂缝而失去抗剪强度，并且当裂缝充水时在裂缝中的水压力将增大滑坡推力。在坡顶裂缝以下、饱和水位线以上的部分土体，若上部裂缝渗水不大，土体处于非饱和状态且微裂隙未发育，可部分考虑非饱和土基质吸力引起的强度增加，但应非常慎重。在边坡饱和水位线以下、坡脚卸荷量较大及受干湿循环以外的饱和土体，可以采用饱和土试验的抗剪强度指标，但应当考虑长期荷载作用、边坡长期变形的影响予以折减。膨胀岩渠坡的坡脚部位，卸荷量较大，并且渠道干涸和输水交替循环也可能导致强度损失，这部分应当采用饱和土反复胀缩后的残余强度。膨胀岩的软化特性明显，达到一定变形后可导致强度逐渐降低到残余强度，应根据膨胀岩的试验成果进行总结，正确评估膨胀岩渠坡土体各部位的抗剪强度。

3.4 膨胀岩渠坡稳定分析方法

膨胀岩渠坡稳定性验算包括以下几个方面的工作：膨胀岩渠坡稳定分析方法；膨胀岩抗剪强度模式与强度指标，更深入的问题还包括强度理论；膨胀岩渠坡稳定性的计算模型，包括外部荷载、边界条件等因素。土坡稳定性分析的普遍原理同样适用于膨胀岩渠坡，主要包括塑性滑移线法、极限平衡分析条分法、塑性力学上下限分析法，这三种方法回避了土体的本构关系，可认为统一于极限平衡分析原理。有限元法引入土体的本构关系，求解边坡应力场和位移场，并判断边坡的稳定性,近年来也得到了广泛应用。

3.4.1 塑性滑移线法

塑性滑移线法适合于简单土坡的稳定性分析,是满足极限平衡条件和应力平衡条件的解析方法,属于塑性力学上限解的范畴。对于复杂形体、复杂边界、复杂介质的边坡,一般求不出特征线方程,解不出滑移线。

3.4.2 极限平衡分析条分法

极限平衡分析条分法是广泛采用的方法,大部分规范沿用此方法,对不同假定的条分法在不同工况下的安全系数作了规定。极限平衡条分法假定土为刚塑性介质,在剪切破坏情况下瞬间发挥了所有的抗力,土条满足静力平衡条件,滑裂面满足剪切极限平衡条件。为考虑膨胀岩的渐进破坏过程,也有采用在水下或变形大的坡脚部位采用残余强度参数,而在边坡水上的部位采用峰值强度参数折减的计算方法来分析膨胀岩渠坡的稳定性。

这些方法在使用中存在不少的问题:一是方法本身无法考虑人工边坡开挖后坡体内形成的二次应力场集中,以及施工造成的附加荷载等因素的影响;二是所求的安全系数实际上是假定滑裂面的安全系数,无法反映坡体的变形破坏规律;三是在稳定分析中,常假定破裂面为圆弧或圆弧－直线型等一些简单形式,其圆心位置、半径等主要由经验、试算和各种优化方法确定。这样,导致难以处理复杂地层及环境复杂的边坡稳定评价问题。

3.4.3 有限元法

有限元法满足了静力许可、应变相容和应力应变之间的本构关系,并且可以不受边坡几何形状不规则和材料不均匀性的限制,同时有限元解还提供了应力、变形的全部信息,能够很好地利用土体应力应变之间非线性关系进行计算,不仅可以大致确定滑动面的位置,而且可以计算土坡的变形和应力分布场。

3.4.3.1 弹塑性本构关系

对弹塑性体,应力增量与应变增量的关系式如下

$$\{d\sigma\} = [D_{ep}][d\varepsilon] \tag{3-1}$$

式中:$[D_{ep}]$为弹塑性刚度矩阵。

$$[D_{ep}] = [D_e] - [D_p] \tag{3-2}$$

式中:$[D_e]$为弹性刚度矩阵;$[D_p]$为塑性刚度矩阵。

$$[D_p] = \frac{[D_e]\left\{\frac{\partial G}{\partial \sigma}\right\}\left\{\frac{\partial F}{\partial \sigma}\right\}^T [D_e]}{\left\{\frac{\partial F}{\partial \sigma}\right\}^T [D_e]\left\{\frac{\partial G}{\partial \sigma}\right\} + A} \tag{3-3}$$

式中:F 和 G 分别为塑性屈服函数和塑性势函数,对于关联流动,$F = G$,对于理想塑性材料,$A = 0$。

3.4.3.2 **屈服准则**

采用 Mohr – Coulomb 屈服准则,其屈服函数为

$$F = \sqrt{J_2}\sin\left(\theta + \frac{\pi}{3}\right) - \sqrt{\frac{J_2}{3}}\cos\left(\theta + \frac{\pi}{3}\right)\sin\varphi - \frac{I_1}{3}\sin\varphi - c\cos\varphi \tag{3-4}$$

式中:$I_1 = \sigma_x + \sigma_y + \sigma_z$,为第一应力不变量;$J_2 = \frac{1}{6}[(\sigma_x - \sigma_y)^2 + (\sigma_y - \sigma_z)^2 + (\sigma_z - \sigma_x)^2] + \tau_{xy}^2$,为第二应力偏量不变量;$\theta = \frac{1}{3}\cos^{-1}\left(\frac{3\sqrt{3}}{2}\frac{J_3}{J_2^{3/2}}\right)$,为 Lode 角;$J_3 = S_x S_y S_z - S_z S_{xy}^2$,为第三应力偏量不变量;$C$ 为材料的黏聚力;φ 为材料的内摩擦角。

有限元计算时,需要计算$\frac{\partial F}{\partial J_2}$和$\frac{\partial F}{\partial J_3}$的值,而当 $\theta = 0°$ 及 $\theta = 60°$时,屈服面出现角点, 此时$\frac{\partial F}{\partial J_2}$和$\frac{\partial F}{\partial J_3}$均为无限大,因此需要作如下处理:

当 $\theta = 0°$ 及 $\theta = 60°$时,带入式(3-4)得

$$F = I_1\sin\varphi + \frac{\sqrt{3}}{2}\sqrt{J_2}\sin(\varphi + 3) - 3C\cos\varphi \quad (\theta = 0°) \tag{3-5}$$

$$F = I_1\sin\varphi + \frac{\sqrt{3}}{2}\sqrt{J_2}\sin(\varphi - 3) - 3C\cos\varphi \quad (\theta = 60°) \tag{3-6}$$

由式(3-5)、式(3-6)得

$$\frac{\partial F}{\partial J_2} = \frac{\sqrt{3}}{4\sqrt{J_2}}(3 + \sin\varphi), \frac{\partial F}{\partial J_3} = 0 \quad (\theta = 0°) \tag{3-7}$$

$$\frac{\partial F}{\partial J_3} = \frac{\sqrt{3}}{4\sqrt{J_2}}(3 - \sin\varphi), \frac{\partial F}{\partial J_3} = 0 \quad (\theta = 60°) \tag{3-8}$$

当 $\theta \neq 0°$ 及 $\theta \neq 60°$时,由式(3-4)计算$\frac{\partial F}{\partial J_2}$,$\frac{\partial F}{\partial J_3}$。

3.4.3.3 **稳定安全系数的定义**

有限元分析中可以直接给出网格中单元高斯点或节点上的应力,将任一可

能滑面分成若干微段，根据微段底面中心坐标值，通过应力张量变换，可得微段的正应力和剪应力，然后积分或求和求得滑面总下滑力与总阻力。定义边坡稳定性安全系数为总阻力/总下滑力，即

$$K = \frac{\sum (C_i + \sigma_i \tan\varphi_i) l_i}{\sum \tau_i l_i} \tag{3-9}$$

式中：l_i 为微段长度。

3.4.3.4 主要求解步骤

(1)通过有限元计算各单元或节点处应力（应力线性分布）。

(2)将边坡划分为许多条块，以条块底端中点为对象，计算该点的 σ_x、σ_y、τ_{xy}。

(3)确定条块底端的倾角 α。

(4)采用 Mohr 圆确定条块底端的法向应力和切向应力。

(5)由计算的法向应力得出可能的剪切强度。

(6)将条块基底的应力转为力。

(7)重复以上步骤，直到 Slice in。

由式（3-9）确定安全系数。

3.5 膨胀力的考虑方法

应当指出的是，膨胀岩渠坡稳定计算的特殊性还体现在需要考虑膨胀岩的膨胀力。膨胀岩的膨胀力是一种膨胀约束力，当表层的岩土体结构遇水后体积膨胀、岩体结构联系遭到破坏，体积增大，其膨胀约束力得以充分发挥，膨胀力就小；反之则大。此种膨胀约束力随含水量的增大而减少。

膨胀力如何施加于坡面上，可参考公路工程边坡的计算经验，根据裸坡区渠道边坡浸水和风化特点，将浸水后的渠道边坡在沿坡面法向方向上由表及里分为4层，即表层强风化层、浅层中等风化层、里层弱风化层和深层未风化层，膨胀力也随风化程度的不同取不同值。

设 p_e 为试验测得的膨胀力指标，假设实际膨胀力的大小沿边坡深度的分布为：表层内的膨胀力由0开始逐渐增至 p_e，浅层内的膨胀力保持为 p_e，里层内的膨胀力由 p_e 开始逐渐减小至0，深层土体中的膨胀力为0。由此建立浸水条件下膨胀岩渠坡膨胀力的分布计算模型为

$$
\left.
\begin{aligned}
p_s &= \frac{d}{D_1} p_e && (0 \leqslant d < D_1) \\
p_s &= p_e && (D_1 \leqslant d < D_1 + D_2) \\
p_s &= \frac{D_1 + D_2 + D_3 - d}{D_3} p_e && (D_1 + D_2 \leqslant d < D_1 + D_2 + D_3) \\
p_s &= 0 && (d \geqslant D_1 + D_2 + D_3)
\end{aligned}
\right\} \quad (3\text{-}10)
$$

式中：p_s、p_e 分别为膨胀力计算值和试验值，kPa；d 为计算点至坡面的垂直距离，m；D_1、D_2、D_3 分别为膨胀土边坡表层、浅层、里层的厚度，m，$D_1 + D_2 + D_3 = Z_0$，Z_0 为膨胀土的大气影响深度。

3.6 膨胀岩渠坡破坏稳定分析实例

3.6.1 现场试验简介

长江水利委员会长江科学院岩土力学与工程重点实验室在新乡膨胀岩进行了大型的膨胀岩降雨失稳现场试验研究，该边坡从坡底到坡顶高 17 m，1 级马道以下高 9 m。降雨试验主要在 1 级马道以下进行，坡比为 1∶1.5，降雨范围具体如图 3-7 斜方向箭头所示。1 级马道以下大致可分为 5 层，位于顶部为壤土层，厚约 0.2 m；下为厚约 6.8 m 的泥灰岩，其间有 0.8 m 厚黏土岩夹层，最下层为黏土岩。除表层壤土外，各地层自由膨胀率分别为 21% ~29%、63%、40% ~54%、48% ~70%。

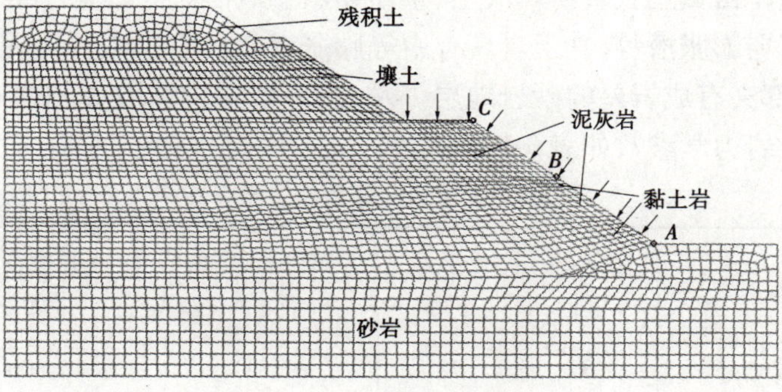

图 3-7　边坡有限元网格及降雨示意图

该试验从 2008 年 9 月 24 日开始，在 3 d 的正式监测期间，共进行了 5 次降雨过程，现场试验降雨强度为 16 mm/h，共历时 16 h，当现场试验累计降雨约 6 h 时，1 级马道以下开始发生大面积浅层滑坡。如图 3-8 所示，滑坡前缘宽 13.2

m,后缘宽 5.6 m,后缘跌坎高 1.5 m,滑弧深度约 1.5 m。从滑坡的形态上看,是一个比较典型的浅层滑动。

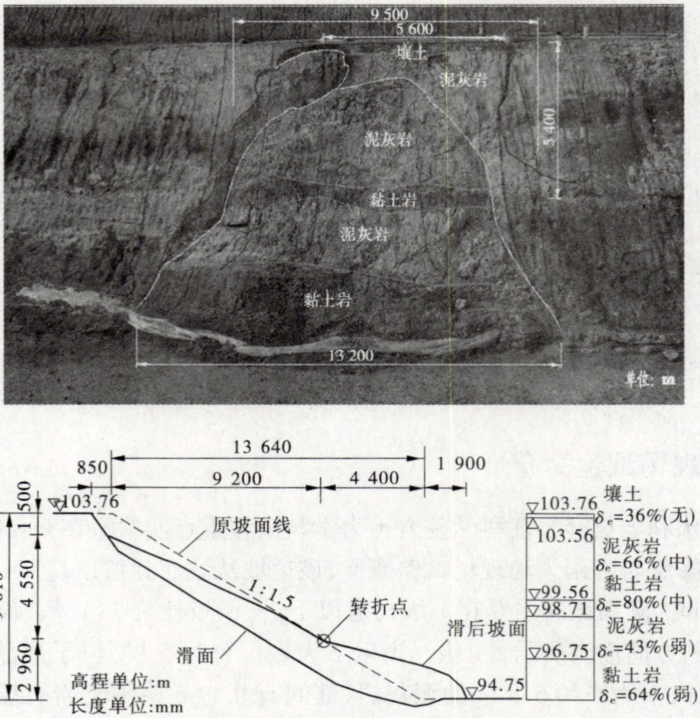

图 3-8　经降雨后的滑坡示意图

该区左岸由黄土状重粉质壤土、重粉质壤土、泥灰岩及黏土岩组成。其中,泥灰岩具有弱膨胀潜势,黏土岩具有中等膨胀潜势。右岸主要以泥灰岩及黏土岩为主,局部夹有成岩差的砂岩地层。左、右岸渠道边坡坡高相差 6 ~ 9 m。泥灰岩及黏土岩力学参数如表 3-1 所示。

表 3-1　泥灰岩及黏土岩力学参数

岩性	黏聚力(kPa)	摩擦角(°)	天然容重(g/cm^3)	湿容重(g/cm^3)	弹性模量(MPa)	泊松比
泥灰岩(胶结好)	100	23	1.87	2.03	800	0.35
泥灰岩(胶结差)(弱)	50	21	1.97	2.03	52	0.35
黏土岩(中)	12	17	1.96	2.04	45	0.38
黏土岩(弱)	22	19	1.97	2.02	46	0.33

3.6.2 不考虑膨胀力极限平衡法计算

极限平衡法得到的1—1试验区左岸边坡稳定计算成果如图3-9所示。

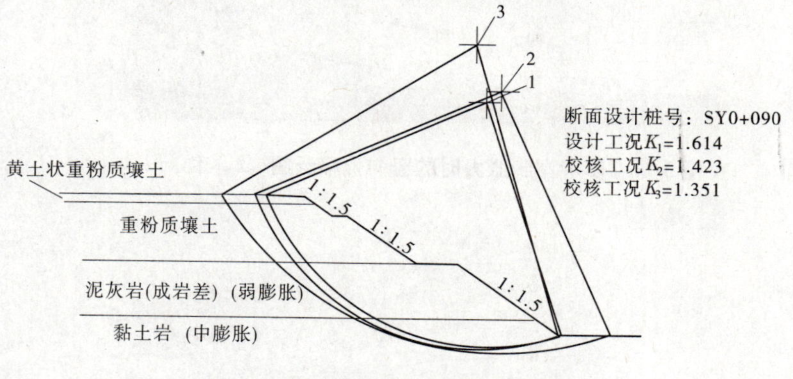

图3-9 试验区左岸边坡稳定计算成果

不考虑膨胀力采用极限平衡法得到的安全系数为1.71。

3.6.3 有限元法计算

对于裸坡区的模拟，分析思路为：第一步，不考虑膨胀力的作用；第二步，考虑膨胀力的作用，但不分层施加；第三步，既分层分带考虑膨胀力的作用，又对计算参数按不同的大气影响带和膨胀等级考虑折减。对三种情况进行有限元计算，模拟裸坡区的破坏及验证参数取值的思路是否正确。

3.6.3.1 不考虑膨胀力的作用

不考虑膨胀力时，计算得到左岸边坡的水平向位移云图、竖向位移云图、最大剪应力云图，分别如图3-10～图3-12所示。

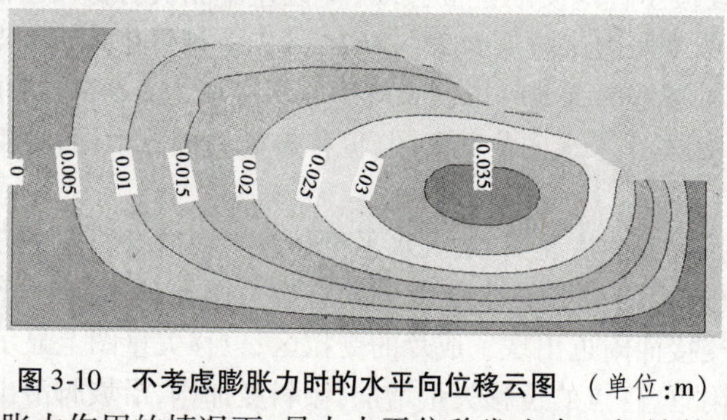

图3-10 不考虑膨胀力时的水平向位移云图 （单位：m）

不考虑膨胀力作用的情况下，最大水平位移发生在一级坡的左下侧位置，其值为3.69 cm（最终或总的水平位移量）；最大总应力随深度线性增大，在坡面及

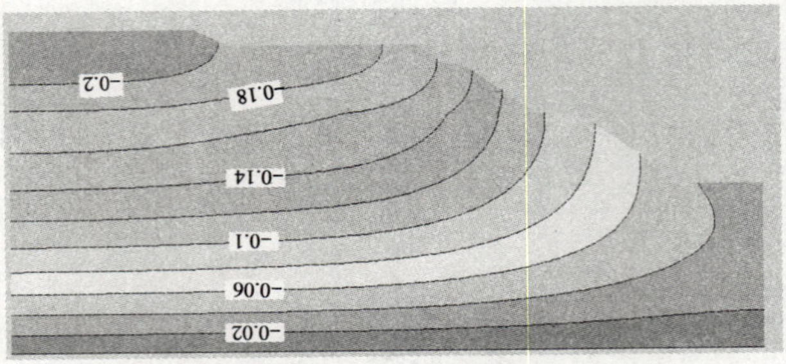

图 3-11　不考虑膨胀力时的竖向位移云图　（单位：m）

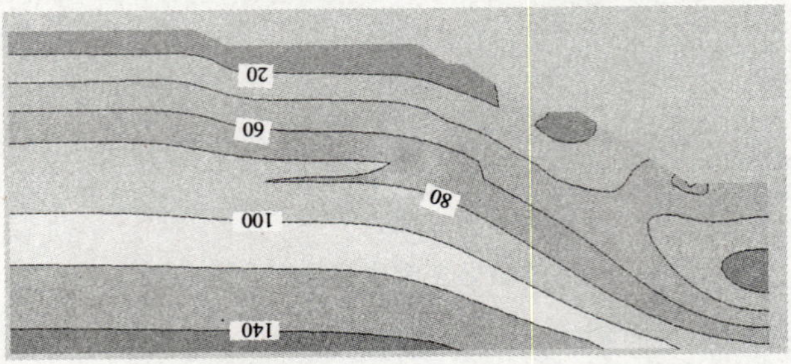

图 3-12　不考虑膨胀力时的最大剪应力云图　（单位：kPa）

坡脚附近没有出现负值；坡脚附近的最大剪应力接近 80 kPa，有限元法得到的稳定安全系数为 1.71，即在没有膨胀力的情况下边坡是稳定的，与左岸现在发生的破坏情况不符。

3.6.3.2　考虑膨胀力的作用

由于不考虑膨胀力的作用时，有限元法边坡应力、应变计算结果与边坡已发生破坏的实际情况不符。因此，进一步分析时考虑岩土体遇水后体积膨胀时所释放出来的膨胀力对边坡破坏的影响。

根据潞王坟段工程地质勘察报告，1—1 区左岸泥灰岩膨胀力试验值为 45 ~ 58 kPa，黏土岩的膨胀力试验值为 25 ~ 362.5 kPa。计算中取泥灰岩的膨胀力为 50 kPa，黏土岩的膨胀力为 80 kPa。大气影响深度取为 2.5 m。考虑膨胀力的作用时，计算得到的左岸水平向位移云图、位移矢量局部放大图，分别如图 3-13 和图 3-14 所示。

在仅考虑膨胀力的情况下，最大水平位移发生在坡脚的左下方位置，其值为 46.14 cm（最终或总的水平位移量）；最大总应力图上显示，在大气急剧影响带与深层影响带交接面附近出现了成片的受拉区；位移矢量图上显示，在 1 级马道以下的近坡面附近，各点的位移矢量增加，倾斜度加剧，沿坡脚滑出的趋势增强，边坡已经失稳，但计算结果显示的破坏模式与实际发生的浅层破坏还有一定差别。

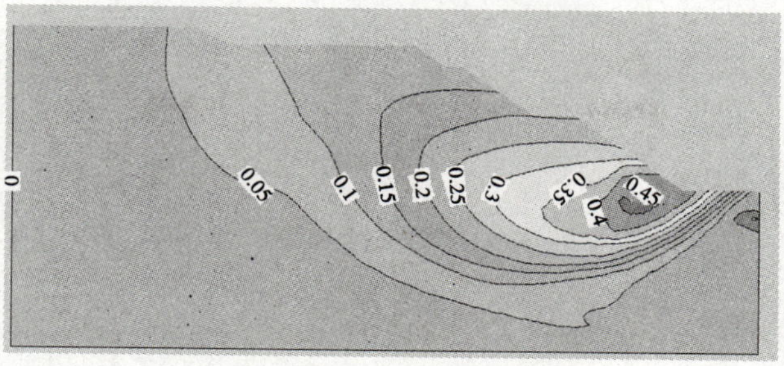

图 3-13　考虑膨胀力时的水平向位移云图　（单位：m）

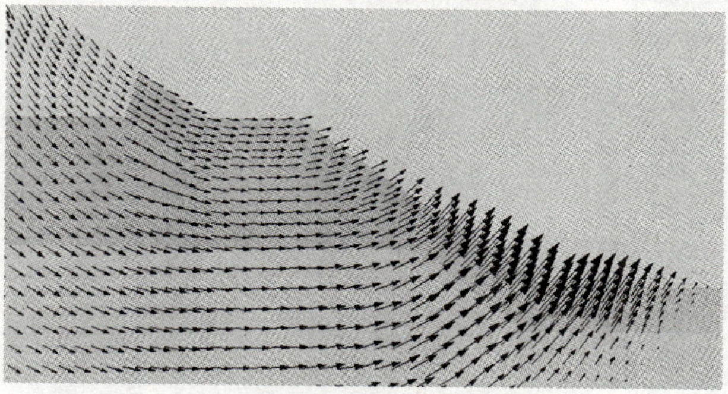
图 3-14　考虑膨胀力时的位移矢量局部放大图

3.6.3.3　既考虑膨胀力又分层分带取计算参数

计算参数的取值按大气影响急剧层、大气影响带及影响带以下深度分别在室内直剪及现场大型剪试验的基础上按深度及膨胀性等级折减。最内层岩性参数取值见表 3-1，大气急剧影响带及深层影响带参数取值如表 3-2 所示。

表 3-2　分层分带参数取值

材料	弹性模量（MPa）	泊松比	黏聚力（kPa）	内摩擦角（°）
泥灰岩（急剧影响带）	15.6	0.42	15	13
黏土岩（急剧影响带）	13.5	0.45	9	11
泥灰岩（深层影响带）	42	0.38	30	17
黏土岩（深层影响带）	36	0.41	18	15

分层分带进行参数取值且考虑膨胀力的作用时，计算得到的左岸水平向位移云图、位移矢量局部放大图，分别如图 3-15 和图 3-16 所示。

在分层分带进行参数取值且考虑膨胀力的作用时，最大水平位移发生在坡脚处，其值为 44.98 cm（最终或总的水平位移量）；最大总应力图上显示，在大气急剧影响带与深层影响带交接面附近出现了成片的受拉区，该受拉区相比未分

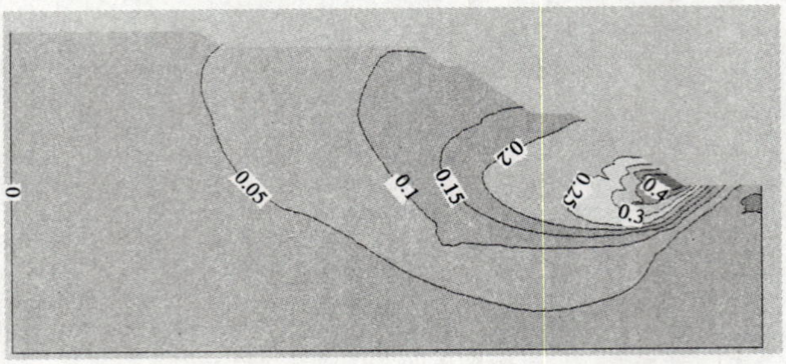

图 3-15　既考虑膨胀力又分层分带计算参数时的水平向位移云图　（单位:m）

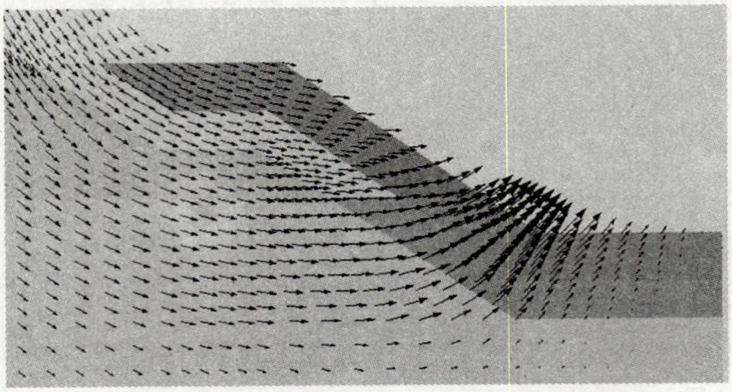

图 3-16　既考虑膨胀力又分层分带计算参数时的位移矢量局部放大图

层分带情况下的受拉更趋近合理化;位移矢量图上显示,在 1 级马道以下的近坡面附近,各点的位移矢量增加,倾斜度加剧,沿坡脚滑出的趋势增强,尤其在坡脚附近滑出的趋势更明显,边坡已经失稳,此时计算结果显示的破坏模式与实际发生浅层破坏的模式基本相符。

第 4 章　膨胀岩渠坡防治工程设计

4.1　膨胀岩边坡防护与治理技术现状

膨胀岩边坡失稳是膨胀岩土地区一种最常见的边坡变形现象，无论是膨胀岩自然斜坡还是人工开挖的路堑边坡，失稳现象都十分普遍。早在 20 世纪 50 年代，我国的水利、铁道、公路等部门就认识到膨胀岩的危害，并对其工程特性进行了研究，开展了一些处治工作。近年来，膨胀岩边坡防护与治理技术取得了较大的发展。

李成（1995）介绍了侯月线铁路某膨胀岩路堑边坡采用了土钉墙、锚杆挡墙和短锚杆挂网墙射混凝土护坡三种不同类型的加固防护措施。

李国华等（1995）论述了用化学方法处理膨胀岩石，改变其工程地质特性所进行的试验和研究。微观分析、土壤物性及土力学试验结果表明，某些经合成获得的有机阳离子化合物对抑制膨胀岩的胀缩性，提高土体的抗剪强度，降低其压缩性和含水量，以及改善其透水性，具有较好的效果。

牛怀俊（1997）通过侯月线铁路一工程实测，介绍了土钉墙技术加固膨胀岩堑坡这一新技术的设计、施工方法，并分析其结构特点和受力状况。

答治华等（1998）在对膨胀岩边坡进行病害特征的地质调查与分析的基础上，总结了各种病害防护措施的效果，并提出了膨胀岩边坡的防护加固原则。

王小军等（1998）阐述了膨胀岩基床病害的发生机制，以生石灰作为改良剂，通过室内试验，从强碱环境和多次干湿循环后的无侧限抗压强度两方面综合考虑，确定了最佳生石灰掺入量。研究了用生石灰改良膨胀岩的工程性质，从而降低了膨胀岩的湿化性和膨胀性，提高了无侧限抗压强度。

王双领（1999）叙述了加固膨胀岩堑坡的土钉挡墙的主要结构及作用原理、施工工艺、施工方法和施工后的测试结果分析。

申益民（1999）介绍了南昆线膨胀岩深路堑的设计，并简述了各种支挡结构的特点及适用条件，详述了新型支挡结构外扣式桩板墙的设计特点。

邹开学等（2000）在现场调研的基础上，研究用二灰土、水泥（加粉煤灰）、日本粉体材料改良南昆铁路的膨胀岩,并添加高分子材料以增强韧性。

余洪璋(2000)针对南昆线林逢工点膨胀岩特性采取相关工程措施,如疏水、缓坡、防护等。

曾继杰(2001)以南宁枢纽、南防线、湘桂线建设有关的膨胀岩(上第三系泥岩)的工程地质性质的试验结果及工程实例,研究了南宁盆地膨胀岩的工程特性,并对开挖后膨胀岩对路基边坡变形可能性的不良影响进行了分析,总结了膨胀岩病害和膨胀岩路基的防护加固及施工原则。

汤国璋(2002)浅析了膨胀岩的工程特性与路基工程病害的关系,说明了工程病害产生的原因,通过工程实地调查,分析了传统结构的适应性,并提出了适用条件,指出和反证膨胀岩路基工程防护途径。

杨庆(2003)分析了膨胀岩的胀缩机制及影响因素,总结了近几年的理论研究成果。着重论述了巷道和边坡工程中的膨胀岩所造成的灾害形式,通过分析诱发灾害的机制,有针对性地提出了一些防治措施。

陈丙年(2003)依据膨胀岩的膨胀特性,结合有关调查资料,分析了膨胀岩(边坡)各类病害的形式与原因,并提出了膨胀岩边坡的防护原则和防护措施。

王玉宝(2003)叙述了新疆北部地区第三纪泥岩的膨胀特性及工程处理方法,重点分析研究了白砂岩作为膨胀岩换填料的工程特性。

池锋(2003)简述了南昆线膨胀岩路基分布情况及其工程地质特征,并简述了病害情况。综述了现有的膨胀岩路基基床病害的整治方法。通过工程实例对南昆线膨胀岩路基基床病害的整治方法进行研究,总结出南昆线膨胀岩路基基床病害较适宜的整治方法。

何满潮等(2004)研究了台岩岭膨胀岩边坡的力学特性,开展了岩块膨胀试验、电镜扫描试验、直剪试验及单轴试验等一系列试验。试验表明,该岩体具有强风化、易膨胀的特性,并且是造成边坡滑动的主要因素,研究确定对于低、中、高边坡分别采用挡墙+锚杆、挡墙+护面+锚杆、锚索+框架梁+抗滑桩,再辅以钢管桩等的加固措施。

孙翀等(2005)介绍了新疆引额济克总干渠采用了加厚塑膜防渗、截排坡面水流,防止地表水渗入岩体和将膨胀岩土挖除置换为无黏性土的方法,并着重阐述了白砂岩的土质特性和作为置换泥岩土料的可行性、实用性。

陈杰(2005)结合新疆水利工程建设实践,对新疆膨胀岩土的判别、分类、膨胀性进行了阐述,对膨胀岩、土对渠道和隧洞形成的危害进行了分析,并提出了相应的处理措施。

李敏(2005)根据南昆铁路膨胀岩的工程地质特性和工程实践,提出了膨胀岩路堑边坡的坡脚加固措施,坡面防护工程措施和地表排水措施。

王新泰(2007)介绍了湘桂线和南宁南站外包线两个路堑工点设计、施工的经验。由于勘测设计未预见膨胀岩特征,以致施工过程被动改用挡墙、抗滑桩加固为主的设计。

杨松青等(2007)从理论分析和实践运用两方面,阐明了冻胀性土的冻胀机制、冻胀的主要影响因素、渠道衬砌冻胀破坏类型,提出了针对南干渠冻胀性土和膨胀岩土的有效工程处理措施,特别是对渠道沿线广泛分布的第三纪白砂岩作为渠道填方料、渠基膨胀泥岩换填料的可行性进行了研究。

汤振宏等(2007)介绍了雒洛高速 K37 km 左边坡膨胀岩滑坡的基本情况,分析了滑坡的成因,提出采用小导管注浆,黏结式锚杆锚固,预应力锚索锚固,坡脚砌筑挡墙及对雨水采用上拦下排的综合治理方案。

杨建国等(2007)介绍了太中银线膨胀岩路堑的设计理念和设计方案,对个别复杂的膨胀岩地下水路堑工点的设计进行了详细说明。

张荣(2010)介绍了采用深层稳定和浅层加固相结合的措施,整治在膨胀岩地层发生的工程滑坡,并根据现场实际效果,总结经验,为相关工程设计提供参考。

卢军(2010)通过对北疆某大型调水工程膨胀岩渠段在设计施工及运行维护中的实践经验,分析了膨胀岩的特点和对渠道结构形成破坏的原因,总结了工程中采用的处理措施和效果,以供交流和讨论。

李博等(2010)就膨胀岩的防护与治理的关键工程措施作了相关分析与介绍,分别为排水、加固及提高膨胀岩边坡稳定性的相关措施,简述了膨胀岩边坡的监测。

上述膨胀岩边坡处理方法可归纳为以下几种。

4.1.1　化学改性

4.1.1.1　掺石灰、水泥、粉煤灰改性

掺石灰、水泥、粉煤灰等无机材料改性是目前工程中常用的膨胀土处理方法。其中,掺石灰改性是目前最常用的方法之一,其改性的机制是石灰掺入后可以将原膨胀土中的阳离子进行置换,从而改变膨胀土颗粒表面的带电状态,使膨胀土颗粒很快凝聚,提高土的强度。

4.1.1.2 高分子材料、粉体固化剂改性

用无机材料改良膨胀土一般强度高，抗水性好，但存在脆性大、易开裂等缺点，在无机材料中掺入少量高分子材料后，可改善土质，防止开裂现象的产生。

粉体固化剂有 EN-1、TR、RG、TKB、SST 等，随着时间的增加，改性土体的强度逐渐提高，土质由膨胀土转为非膨胀土，由黏土转为粉质黏土，取得了良好的改性效果。

4.1.2 非膨胀土置换

4.1.2.1 换填法

采用非膨胀性土进行换填是一种行之有效的处理浅层滑动的方法，但随着换土运距增加，建设成本将大幅上升；换填黏性土还会破坏大量农田，而且置换出的膨胀岩作为弃土将占用大量土地，也易引起新的环境问题。

4.1.2.2 封闭覆盖法

针对引起膨胀岩边坡浅层破坏的主要原因是干湿循环等气候作用的影响，通过采用非膨胀性黏土、经改性的膨胀土或土工膜等措施，在一定厚度范围内对膨胀岩进行覆盖，阻断膨胀土体与外界的水分交换，使膨胀岩的含水量相对稳定，以达到稳定膨胀岩边坡的目的。

4.1.3 土工锚固

土工锚固是采用土钉或土工锚等锚固手段，将浅表部位的膨胀岩体与深部岩体连接成整体，以达到提高边坡整体稳定性的目的。

4.1.4 刚性支挡措施

刚性支挡结构主要形式有挡土墙、抗滑桩、砌石拱、支撑渗沟等。

4.1.5 其他处理措施

其他处理措施有：疏水、缓坡、水泥砂浆抹面、喷浆、喷混凝土、灰土捶面、浆砌片石骨架护坡、浆砌片（条、卵）石护坡，以及锚杆挂网喷混凝土和钢纤维混凝土喷锚等。

这些处理措施对某些工程发挥了作用，或在一定时期内发挥作用，有些措施却没有取得预期效果，比如缓坡。从现有工程路堑边坡坡率来看，膨胀岩边坡失稳不一定在边坡较陡的坡段发生，坡率1:6的边坡也都出现不稳定。因此，放缓边坡并非解决膨胀岩路堑边坡稳定的良策，甚至作用不大，而且损失会持续发

生，究其原因在于对膨胀岩破坏机制认识不深、措施的针对性不强。

尽管对工程危害及工程处理措施等有了一定的认识，但这些经验和认识多停留在基本性质的研究阶段，工程实践经验较少且多针对膨胀岩路堑边坡，在膨胀岩渠坡处理措施方面的研究较少，而且膨胀岩渠道与公路、铁路等膨胀岩路堑边坡相比，特殊性在于其存在永久过水断面，与水为邻加深了膨胀岩渠道处理的难度。

4.2　膨胀岩渠坡防治工程设计原则

膨胀岩边坡病害类型可划分为坡面病害和坡体病害两大类，其中坡面病害的破坏形式有剥落、溜塌及局部崩塌，坡体病害的破坏形式有坍塌和滑坡。影响膨胀岩边坡稳定的基本因素是膨胀岩的膨胀性、碎裂性（裂隙性）和湿化（风化）性。

上述特性的发挥主要受到膨胀岩水分状态的变化所控制。外部因素（降雨、地下水、蒸发和温度）是干湿循环的主要控制因素。因此，针对膨胀岩渠坡具有“逢堑必滑、无堤不塌”的极端特殊性与严重性，防治膨胀岩滑坡必须贯彻“先发治坡、以防为主”的总原则。膨胀岩渠道防治工程设计原则是在充分掌握膨胀岩的工程地质条件基础上，紧密结合膨胀岩渠坡的破坏机制，主要针对膨胀岩的裂隙性、超固结性、膨胀性、吸水软化等四个突出的特性，根据渠道工程的规模和等级，渠坡不同部位应力分布特征来选择方案，以预防为主，事先采取有效的工程措施保证边坡稳定，排除诱发因素，制止渠坡发生大规模的滑坡。

膨胀岩渠坡防治设计原则可归纳为以下几个方面。

4.2.1　坡面防护

设置防、排水和其他保护措施，使膨胀岩体含水量尽可能保持稳定，并防止岩体风化、崩解。

4.2.2　加固处理

结合膨胀岩的岩性、膨胀性强弱、边坡岩层组合特征及边坡的几何特征等因素，选择合适的防护或加固措施：对于成岩程度较好的渠坡，重点处理措施是防护；对于成岩程度较差的渠坡，除要考虑防护作用外，同时还要进行适当加固以抑制坡体变形。

膨胀岩渠坡的治理首先必须解决土体的裂隙问题，根治裂隙的最佳措施就是破坏原有土层结构，释放出膨胀土由于超固结所聚集的能量，具体可采用局部翻挖回填的工程处理措施。

对于膨胀岩的胀缩特性，应尽可能避免膨胀岩与外界的水量交换，保持土体水分恒定，即保持吸力恒定。要做到此点，首先，不仅需要做好坡面防护，还应该在土体内、外设置必要的排水系统，使坡面的渗水和地下水能迅速排出坡体；其次，膨胀岩渠坡的破坏，尤其是渠道衬砌的破坏，除由于土体浸水导致抗剪强度降低外，以膨胀能力或以膨胀量为表现形式的膨胀能起着十分重要的作用；最后，还应当考虑采用吸收膨胀能的处理措施。

膨胀岩渠坡的吸水软化是由于降雨沿裂隙面深入土体，然后在土体内扩散引起的，因此做好坡面防护十分重要。常用的坡面防护措施主要有坡面排水沟和坡面植草。

膨胀岩渠坡防治应结合边坡各部位可能产生的营力种类和大小，采取相应的处理与预防措施，进行综合治理，处理层应具有加固或防护作用。

4.2.2.1 加固作用

通过化学方法或物理方法改变膨胀岩组成成分或原有结构，使膨胀岩丧失膨胀潜能；或者采用土工合成材料加筋、锚固、支挡等，设法减少或吸收土体胀缩潜能。同时，处理层自身的抗剪强度参数提高，对坡体具有侧限和抑制膨胀变形的作用，可降低坡体的应变软化效应，并可释放一部分膨胀力和内应力，减弱坡体膨胀不均匀程度，减小剪切破坏区域。

4.2.2.2 防护作用

1）防水

水不仅是滑坡的直接诱发因素，而且是胀缩循环的直接因素，在膨胀岩滑坡中具有双重危害作用。因此，防治膨胀岩滑坡必须先防水与治水，一是防止地表水和大气降水渗入边坡土体；二是及时疏导地下水；三是维持膨胀土含水量的相对稳定，防止膨胀土反复吸水失水产生胀缩循环效应，使土体结构破坏，强度降低，导致滑坡的产生。

2）防风化

膨胀岩的抗风化能力很低，尤其是地表浅层土体在大气风化营力作用下，容易形成风化软弱层，土体抗剪强度衰减是造成边坡渐进破坏、产生滑坡的直接原因。

4.3 膨胀岩渠坡的防治工程分类

根据加固与防护作用的设计原则，结合膨胀岩渠道具有输水功能的特殊性，采用以下防护与治理措施。

4.3.1　防渗封闭处理措施

基于膨胀土因含水量变化而产生膨胀力、膨胀变形和强度衰减，防渗封闭的思路就是通过防水材料隔绝膨胀土与外界的水分交换，如在混凝土衬砌下方铺设土工膜。

4.3.2　缓冲保护层处理措施

目前，工程应用较多的缓冲保护层主要有两种：一是天然的非膨胀土，包括粉质黏土、壤土、符合防渗要求的砾质土等；二是经过改性处理的石灰土、水泥土等。缓冲层的作用体现在三个方面：一是减少大气环境与内部膨胀土之间的水分交换；二是吸收部分膨胀土产生的膨胀力和变形，并在一定程度上使之均匀化；三是控制内部膨胀土因含水量变化而发生周期性的膨胀土开裂，使土体保持较高的强度。

4.3.3　土工合成材料加固处理措施

随着新技术在岩土工程中的运用，土工格栅加筋、土工袋等土工合成材料加固技术开始被用于路堤的回填、路堑的处理和渠道防渗等工程中。土工合成材料具有重量轻、整体连续性好、施工简便、快捷、见效快、抗拉强度高、耐腐蚀性等特点，在水利工程中起到防渗、排水、反滤、加固补强等作用，其在理论上可用于处理膨胀岩渠道的浅层滑动。

土工格栅强度高、延伸率低，是加筋的理想材料，将其分层水平铺设在膨胀土或成岩程度差的膨胀岩边坡中，形成加筋体。当膨胀岩在干湿循环作用下产生胀缩时，由于土工格栅与土的界面摩擦和咬合作用，土体的变形受到抑制，从而达到防止坡面开裂、提高边坡浅表层整体稳定性的目的。

土工袋实质上是可以对膨胀土边坡起到支挡作用的一种柔性结构，以约束膨胀变形和膨胀力的作用。该技术近年来在日本等国应用较广。

4.3.4　边坡防护处理措施

没有变形控制要求的边坡或道路，边坡防护一般采用护坡加坡面排水的措施。从理论及实践经验看，1 级马道以上渠坡的土体受大气环境影响频繁而剧烈，胀缩变形强烈，土体强度随时间衰减明显，采用单一形式的护坡（如六棱体混凝土框格、砌石联拱）效果不佳，一般在 1 ~ 2 年内就会出现严重的变形和滑坡，或因护坡下土体被淘空而出现坍塌，应该采用复合形式的护坡，如喷护快速防护材料、植喷处理、砌石联拱 + 植草处理，以及六棱体混凝土框格 + 植草处理。

对南水北调中线工程这种大规模的输水渠道，上述工程处理措施的可靠性、经济合理性及施工工艺控制等方面，都需要进行针对性的研究，通过现场原型试验，总结安全可靠、经济合理的处理措施及施工方法，指导设计和施工，保证工程的安全。

第 5 章　膨胀岩渠坡防治工程处理措施

新乡潞王坟膨胀岩现渠坡处理现场原型试验段位于新乡市潞王坟乡政府附近，长 1.5 km，为全明渠挖方渠段，最大挖深约 42 m。试验区长 568 m，非试验区长 932 m，分为 8 个小区，分别对不同的处理措施进行实践。对过水断面主要进行土工格栅处理、土工袋处理、换土处理、封闭土工膜等措施进行实践。试验段各试验区布置如图 5-1 所示。

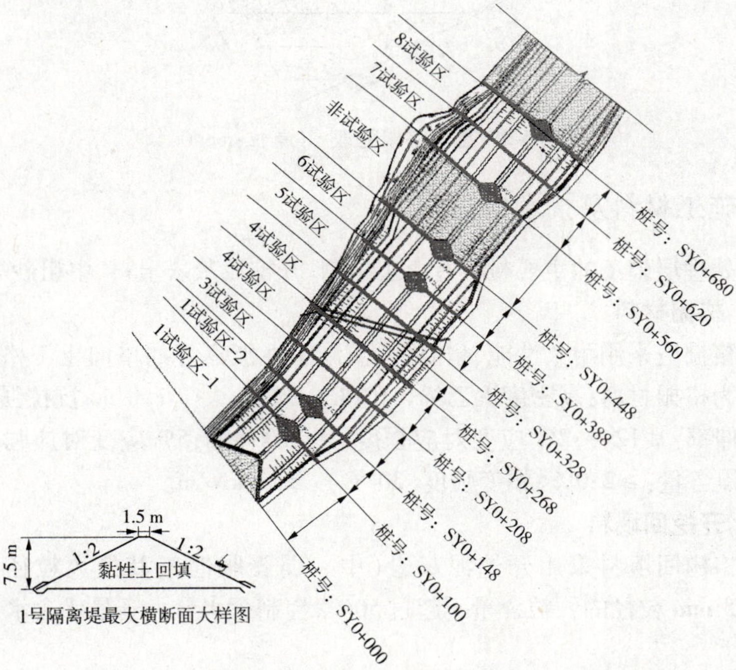

图 5-1　试验段各试验区布置

5.1　土工格栅处理措施

土工格栅 + 开挖料回填处理措施：中膨胀岩试验段采用土工格栅 + 开挖料回填 2.0 m，弱膨胀岩试验段采用土工格栅 + 开挖料回填 1.5 m。1 级马道以下过水断面格栅处理层上铺设 5 cm 粗砂找平层，然后依次铺设聚苯乙烯保温板、复合土工膜防渗及混凝土衬砌板;1 级马道以上格栅处理层上进行植喷。

土工格栅采用人工分层铺设,在坡面向上层包裹形成搭接,反包长度不小于 100 cm。沿渠道水流方向相邻两块格栅之间为平接,垂直渠道水流方向格栅之间用连接棒搭接,格栅与土体之间用 U 形钢筋锚接。

土工格栅内的回填料采用膨胀岩料(弱膨胀岩),推土机摊铺碾压,局部用蛙夯人工压实,每层碾压后高度 50 cm。土工格栅处理详见图 5-2。

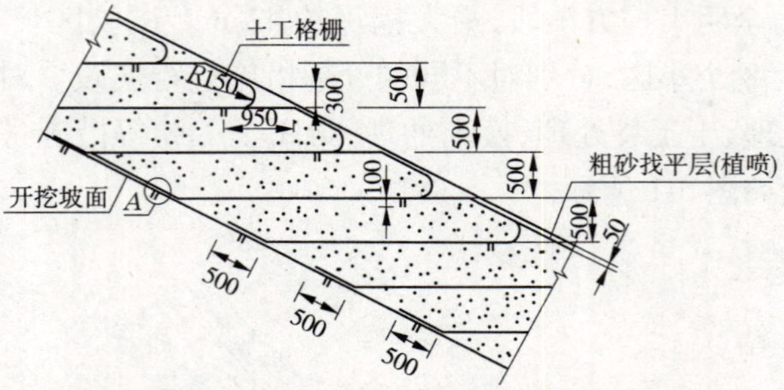

图 5-2　土工格栅处理　(单位:mm)

5.1.1　施工材料及技术指标

格栅处理层施工的主要材料有土工格栅、开挖泥灰岩土料、中粗砂等。

5.1.1.1　格栅材料

土工格栅应采用耐久性能、耐温性能、施工性能良好的单向土工格栅,具体技术参数为格栅材料:高密度聚乙烯(HDPE);幅宽:大于 1.0 m;抗拉强度:≥80 kN/m;延伸率:≤12%;2% 应变对应强度:≥23 kN/m;5% 应变对应强度:≥44 kN/m;碳黑含量:≥2.0%;蠕变强度(20 ℃):≥20 kN/m。

5.1.1.2　开挖回填料

土工格栅回填料采用开挖泥灰岩(中 - 弱膨胀性),其最大粒径应≤100 mm,大于 5 mm 粒径的颗粒含量不超过 50%,控制含水量大于最优含水量 1% ~ 2%。

5.1.1.3　中粗砂找平层填料

1 级马道以下采用具有良好级配的中粗砂垫层料应材质新鲜,抗风化能力强,含泥量不大于 5%,应满足设计级配要求,级配范围如表 5-1 和图 5-3 所示。砂垫层料可采用人工轧制或筛分。

5.1.2　施工机械

施工机械有推土机、18 t 振动平碾、开挖料筛分机具等。

表 5-1　设计级配曲线范围

粒径 mm	累计筛余百分比(%)	
	上包线	下包线
5.0	100	97
2.5	78	63
1.0	55	38
0.5	36	20
0.25	20	10
0.075	3	0

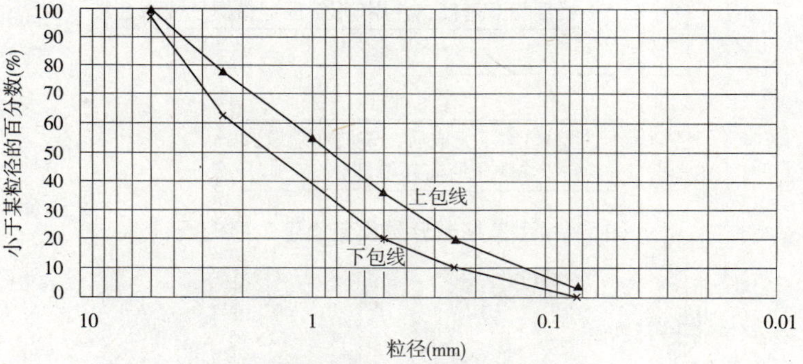

图 5-3　砂垫层料设计级配曲线

5.1.3　施工工序

土工格栅分层反包施工工序流程如图 5-4 所示。

5.1.3.1　清基

按照施工图要求开挖边坡,清除坡面及渠底浮土,要求基层平整度不超过 ±5 cm。遇地表积水应提前进行抽排,并清挖被水浸泡后的软土,换填黏性土压实,保证基坑清洁、干燥。

5.1.3.2　放样

严格按照施工图放样,做好边桩、填土高度、格栅边线、边坡坡比控制等。

5.1.3.3　格栅铺设

土工格栅采用人工分层铺设,在坡面向上层包裹形成反包搭接,反包长度不小于 100 cm,相邻两块格栅之间为平接;格栅之间用连接棒搭接、格栅与土体之间用 U 形钢筋锚接,如图 5-5 所示。详细施工步骤如下:

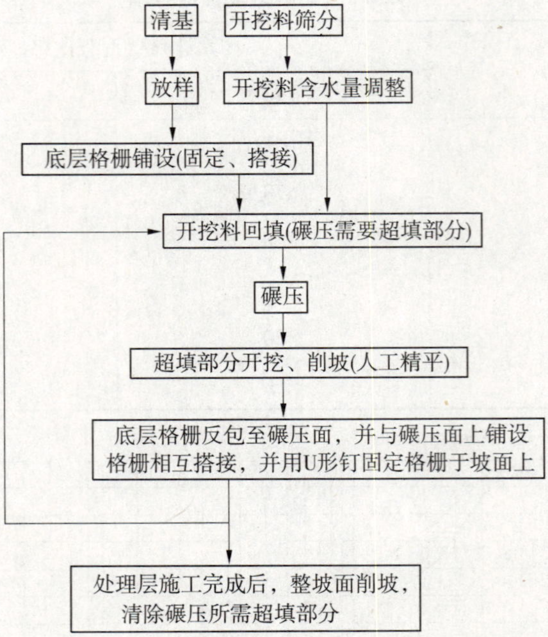

图 5-4　土工格栅分层反包施工工序流程

图 5-5　清基、放样、格栅铺设、上土

(1)首先在土工格栅 + 回填料碾压层底层铺设格栅材料，将格栅底部用 U 形钢筋固定于基层面，U 形钢筋直径 6 mm，深入土体的长度不小于 10 cm，间距为 1.5 m。

(2)使用张拉梁将格栅一自由端拽紧，并压上填土，如图 5-6 所示。填土用机械或人工堆放在拉紧后的格栅上面，并根据碾压试验结果进行分层碾压，车辆与施工机械等不得直接碾压格栅，以免格栅损坏和松弛。回填料碾压削坡后如图 5-7 所示。

图 5-6　张拉格栅、填土压实

图 5-7　回填料碾压削坡后

（3）压实至上层单向格栅标高后，将预留格栅反包到碾压层面（见图 5-8），并与上层格栅用连接棒连接（见图 5-9）。

（4）用通过格栅网孔而钩住格栅的张拉梁对主加筋格栅施加张拉力，绷紧格栅之间的连接，并使其下结构面上的反包格栅绷紧（见图 5-10）。

（5）在保持张拉格栅的同时，用 U 形钢筋将本层格栅与下层土体锚接，以保证张拉设备移去后格栅不会回缩。

（6）顶层格栅应有足够的长度埋在填土下面，以保证填土可提供足够的约束力锚固格栅，回填处理后的坡面见图 5-11。

5.1.3.4　**筛分、含水量调整**

铺土之前应先对料场岩土料的含水量、自由膨胀率进行检测，在含水量、自由膨胀率满足回填开挖料基本要求后方可填筑施工。若开挖料实测含水量低于规定的含水量，应将筛下土料用洒水车喷洒湿润，用挖掘机翻拌均匀（不少于 3

图 5-8　隔栅反包

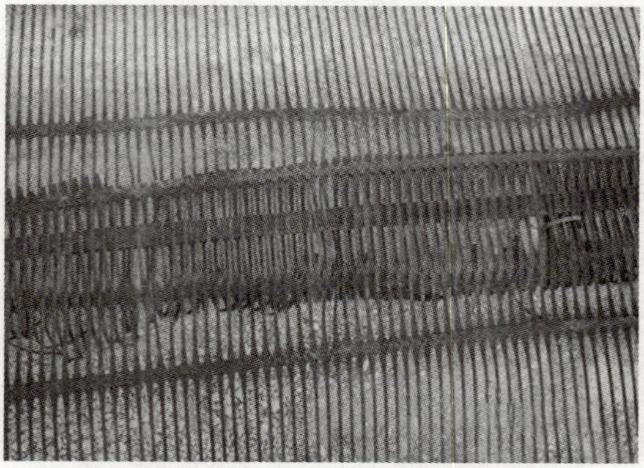

图 5-9　层间连接棒搭接

图 5-10　将反包后的格栅拉紧、固定

遍），直至达到以上要求后方可填筑施工。含水量调整后的土料应及时用土工

图 5-11　土工隔栅 + 开挖料回填处理后坡面

膜包裹，以防止含水量再次变化。开挖料筛分如图 5-12 所示。

图 5-12　开挖料筛分

5.1.3.5　铺土、碾压施工

格栅铺土采用推土机进占进料，推土机粗平，再用人工精平，表面平整度不超过 ±5 cm。

格栅处理层碾压时应先用碾压机具沿外坡超填的回填料方向进行碾压，以保证削坡后外侧回填坡面的压实度（见图 5-13），然后采用进退错距法对回填料进行碾压，要求行车速度 2.0 ~ 3.0 km/h，相邻碾迹的搭接宽度不小于碾宽的 1/10。

车辆和压实机械不得直接碾压格栅。铺土后遇天气发生变化或隔夜施工时，要采用防雨布对场地进行覆盖。

5.1.4　施工要点

影响土工格栅施工质量的关键因素在于土工格栅反包、开挖料的筛分和含

图 5-13　碾压后对超填部分削坡至设计坡面

水量调整、重复削坡及填筑。

5.1.4.1　**土工格栅反包**

土工格栅采用人工分层铺设，垂直渠道水流方向，沿设计坡面向上层翻包，形成反包搭接，反包长度（平直段）不小于 100 cm；沿渠道水流方向相邻两块格栅为平接；格栅沿开挖基面顺坡面向上延伸的搭接，搭接长度不小于 30 cm。格栅之间用连接棒搭接、格栅与土体之间用 U 形钢筋锚接。

施工时，首先，根据图纸计算每层格栅需用长度一次下料，在碾压层底层铺设格栅材料，用 U 形钢筋固定坡脚一端，使用张拉梁将格栅另一自由端拉紧，再用 U 形钢筋将格栅固定于基层面；其次，铺筑膨胀岩开挖料，采用进占法铺筑以保证车辆与施工机械不直接碾压格栅，保证格栅完好；再次，回填料按照碾压控制参数压实后，削成设计坡面（见图 5-14），将预留格栅反包到压实层上面并与上层格栅用连接棒连接，使用张拉梁对土工格栅施加拉力，达到格栅绷紧；最后，用 U 形钢筋将本层格栅与下层土体锚接，以保证张拉设备移去后格栅不会回缩。

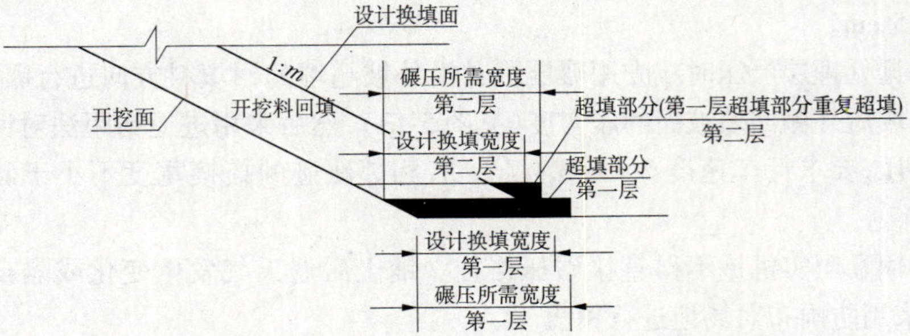

图 5-14　土工格栅 + 开挖料回填处理措施施工示意图

格栅反包的意义在于控制侧向膨胀变形，在施工过程中必须保证格栅与坡面紧密贴附，其紧密程度在于削坡的精细。由于膨胀岩开挖料压实后非常密实，必须使用人工削坡,个别砾石尖角的存在使格栅在固定的过程中很难完全拉紧,另外在上一层的铺料和碾压过程中也会使格栅产生一定的松弛。因此,土工格栅施工时,每一层的紧密反包是最大的难点。

5.1.4.2　**开挖料的筛分和含水量调整**

土工格栅回填采用开挖泥灰岩弃料(中－弱膨胀性),粒径过大,无法均匀压实且每一层的取样检验困难;粒径过小,不仅增加施工成本,可用料源也将减少,因此筛分工序必不可少。由于泥灰岩成岩程度不均,需要把泥灰岩料分层摊开,先用推土机或振动碾把成岩好的大料径的泥灰岩料压碎后再筛分。

泥灰岩料经过摊铺、压碎和筛分后,含水量将降低,为保证在最优含水量(一般为18%～20%)下达到设计干密度,施工时要做到边筛分边加水,调整含水量,然后集中拢聚,覆盖薄膜,防止水分散失。

5.1.4.3　**重复削坡及填筑**

为保证土工格栅反包同时满足坡面压实质量,要做到每层一次削坡,增加削坡余量的重复填筑。若坡比为1:2.5,每层厚度为50 cm,则预留的削坡水平宽度最低不小于1.2 m。土工格栅每层进行反包,就要对碾压层面每层进行削坡,即一层一削坡。在进行上层填筑时,下层还要留削坡余量,这增加了很大的重复填筑和削坡工作量。

5.1.5　施工控制标准

土工格栅处理层施工应重点控制原材料、碾压工艺、压实效果和格栅张拉效果四个环节。其中,原材料应严格按照有关的材料技术指标进行控制;碾压工艺在满足压实效果的前提下,可根据实际情况进行施工优化或调整,碾压施工控制参数见表5-2。格栅处理层坡面形成后的平整度不超过±2 cm,中粗砂找平层按0.7的相对压实度控制,处理层的压实效果按照表5-3所规定的指标控制。

表5-2　土工格栅处理层碾压施工控制参数

开挖料	压实工法	铺料方式	含水量	碾压机具	碾压遍数(遍)	行车速度(km/h)	行车方式
泥灰岩	振动平碾	进占法	大于最优含水量的1%～2%	18 t振动平碾	12	2～3	采用进退错距法,相邻碾迹的搭接宽度不小于碾宽的1/10

表5-3　处理层压实效果控制参数

材料	最大粒径(mm)	填筑含水量	压实度(%)	压实后层厚(cm)
泥灰岩	<100	大于最优含水量的1%～2%	95	≤50

5.1.6 施工质量检测方法

土工格栅回填料碾压施工时压实度控制标准为不小于95%，用灌水法进行检测。

格栅处理层坡面形成后的平整度不超过±2 cm，用2 m靠尺检测。

5.1.7 土工格栅简化反包工艺试验

为了解决格栅反包施工工艺复杂的问题，根据2008年7月国务院南水北调工程建设委员会专家委员会有关《南水北调中线一期工程总干渠膨胀岩试验段工程（潞王坟段）现场试验研究中间成果评审会会议纪要》文件要求，在桩号为SY0+448～SY0+488的非试验段补充开展土工格栅大反包作业的施工工艺研究。

选定SY0+448～SY0+488右岸1级马道以下为土工格栅反包作业的施工工艺研究试验区，采用土工格栅+开挖料回填2.0 m，坡比为1:3.0，格栅层厚度为0.5 m。

其施工材料及其技术要求、施工机具、施工质量控制标准均同"5.1 土工格栅处理措施"所述。仅格栅的铺设反包工艺不同，不再层层反包，而是待整个坡面格栅铺设、碾压处理措施完成后整坡面反包，具体工艺流程如图5-15所示。

（1）首先在碾压层底层铺设格栅材料，将格栅尾部用U形钢筋固定于基层面和开挖坡面（见图5-16），然后使用张拉梁将格栅头部（坡外侧）自由端拽紧，用U形钢筋固定于基层面上，固定完成后用机械填土、人工找平。填土过程中车辆与施工机械等不得直接碾压格栅，以免格栅损坏和松弛。

（2）压实至上层格栅标高后，按照上述工艺铺设第二层土工格栅，将超出碾压层外坡放线处（坡外侧）多余的格栅材料剪除（保留土工格栅横筋），保证土工格栅的横筋在碾压层外坡放线位置。

（3）重复以上施工步骤至顶层。

（4）用连接棒将一块土工格栅与底层预留的土工格栅接连（见图5-17），将土工格栅直接反包至顶层，用张拉梁拉紧，并用U形钢筋固定于顶面，同时用铁丝将其与每一层碾压层外坡放线处的土工格栅横筋绑扎连接（见图5-18）。

（5）将顶层填土压实，以保证格栅反包至顶层后有足够长度埋在填土下面，保证填土可提供足够的约束力锚固格栅（见图5-19）。

反包工艺改良后，减少了逐层反包、削坡、回填的工序，既缩短了工时，又降低了工程投资。但难点是每层需提前放边线，张拉时每层坡面连接处不易掌握，可能铺设在底层的预留格栅会超出设计坡面或短于设计坡面，反包格栅效果不

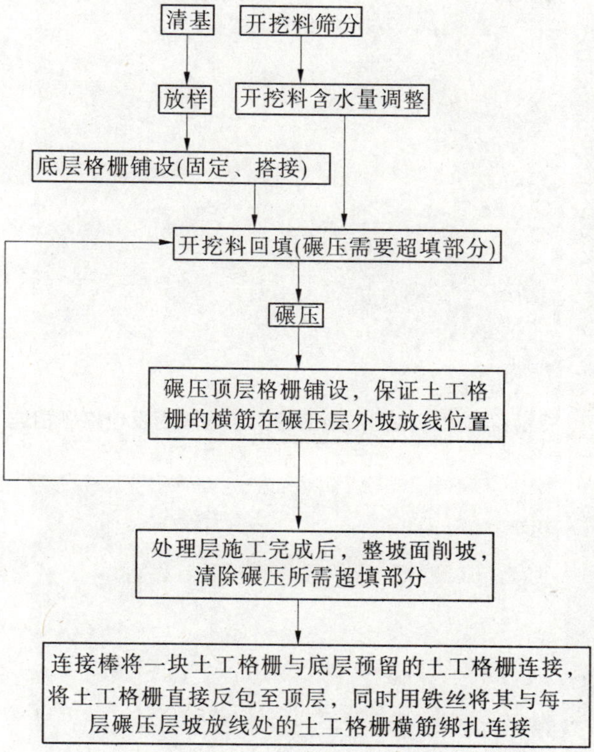

图 5-15　土工格栅简化反包工艺施工流程

理想，没有分层反包的坡面格栅张拉紧。改良反包工艺后格栅处理层坡面如图 5-20 所示。

图 5-16　用连接棒将一块土工格栅与底层预留的土工格栅接连

图 5-17　将预留的土工格栅的横筋用钢丝与坡面反包格栅相连

图 5-18　碾压层顶层格栅铺设

图 5-19　U 形钢筋固定于基面和开挖坡面

图 5-20　改良反包工艺后格栅处理层坡面

5.2　土工袋处理措施

土工袋+开挖料回填处理措施：中膨胀岩试验区采用土工袋+开挖料回填2.0 m；弱膨胀岩试验区采用土工袋+开挖料回填1.5 m。1级马道以下过水断面土袋处理层上铺设粗砂找平层，然后依次铺设聚苯乙烯保温板、复合土工膜防渗及混凝土衬砌板（见图5-21）；1级马道以上非过水断面在土袋处理层上进行植草（见图5-22）。

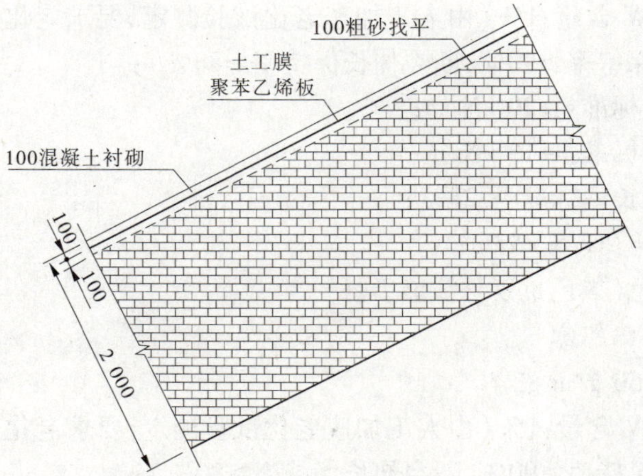

图 5-21　1级马道以下处理措施示意图　（单位：mm）

5.2.1　施工材料及技术指标

土工袋实施方案的主要材料为：开挖泥灰岩（土）料、土袋、中粗砂、草种等。

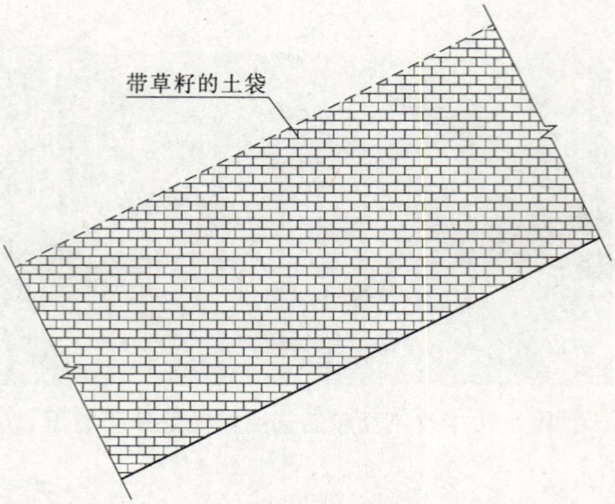

图 5-22　1 级马道以上处理措施示意图

5.2.1.1　**土工编织袋材料**

土工编织袋采用两种规格:小土工编织袋 45 cm×57 cm,大土工编织袋 120 cm×147 cm。土工编织袋原材料成分主要是聚丙烯(PP),掺有 1% 防老化剂(UV)。土工编织袋性能指标如下。

1)小土工编织袋

克重:≥100 g/m^2;

经纬纱 UV 含量:1%(由人工加速老化试验测定,要求老化试验时间 500 h 后,断裂强力保持率≥90%,断裂伸长保持率≥80%);

经向拉力标准:≥20 kN/m;

纬向拉力标准:≥15 kN/m;

经纬向伸长率标准:≤28%;

顶破强力:≥1.5 kN/m;

颜色:黑色(黑色抗紫外线能力强)。

2)大土工编织袋

克重:≥150 g/m^2;

经纬纱 UV 含量:1%(由人工加速老化试验测定,要求老化试验时间 500 h 后,断裂强力保持率≥90%,断裂伸长保持率≥80%);

经向拉力标准:≥30 kN/m;

纬向拉力标准:≥22 kN/m;

经纬向伸长率标准:≤28%;

顶破强力:≥2.4 kN/m;

颜色:黑色(黑色抗紫外线能力强)。

袋口缝口线与袋底缝口线材料一致,要求具有一定的强度和耐久性。

5.2.1.2 **开挖料要求**

采用泥灰岩开挖料。大土工袋装袋料最大粒径应不大于100 mm,小土工袋装袋料最大粒径应不大于50 mm。回填土料含水量要求:泥灰岩装袋土料和填缝土料含水量控制在大于最优含水量的1% ~2%。

5.2.1.3 **中粗砂找平层填料**

采用具有良好级配的中粗砂,技术要求详同格栅处理方案中中粗砂材料要求。

5.2.1.4 **带草种的土工编织袋**

1级马道以上土工袋处理层坡面处选用普通编织袋装填根植土,并预先拌和当地易于生长的、耐旱性草种,编织袋宜疏松,并留有一定孔隙,以便草籽生长。

5.2.2 施工机具

施工机具有封口机、铁锹、挖掘机、18 t振动平碾、开挖料筛分机具等。

5.2.3 施工工序

土工袋处理措施施工工序如图5-23所示。

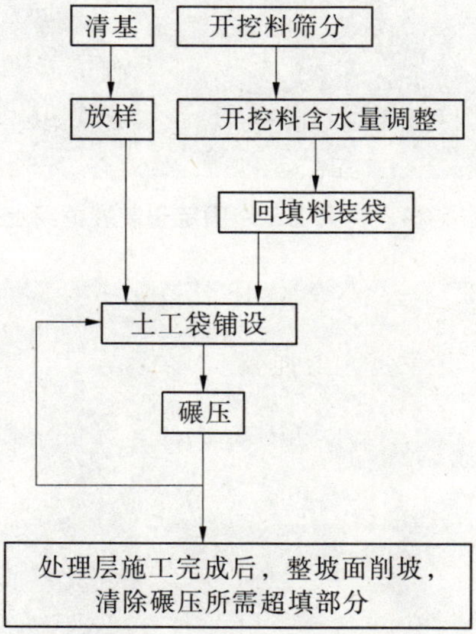

图5-23 土工袋处理措施施工工序

5.2.3.1 **清基**

土工袋方案铺设施工前,要求施工方事先清除开挖断面表层的浮土,采取有效的处理措施，减少前期裂隙水对该区试验的影响。

5.2.3.2 放样

严格按照施工图放样，固定边桩、控制坡面土工袋铺设边线、控制土工袋成坡后的坡比等。

5.2.3.3 土工袋装袋

1）大土工袋

采用机械装袋，根据土袋的袋口尺寸制作装袋框架（见图5-24），用中小型挖机装袋（见图5-25），其标准铲斗尺寸约600 mm。

图5-24 将大土工袋固定于装袋框架上

图5-25 挖掘机进行装袋

合理安排各工序间的衔接工作，确保装袋、缝口等作业互相协调，减少机械的闲置时间（见图5-26）。

图5-26　装袋完成后将装袋框架提走，进入下一装袋过程

2）小土工袋

由于尺寸限制，采用人工装袋及封扣（见图5-27、图5-28）。

图5-27　小土工袋人工装袋

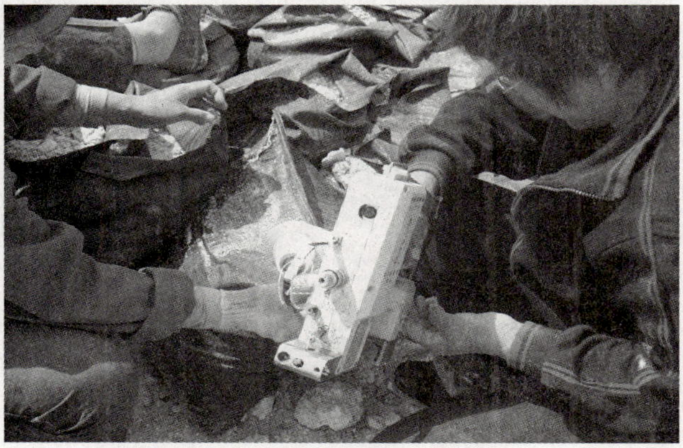

图5-28　小土工袋封口

土袋装袋土料按照材料技术要求进行控制，不同的装袋料源需要做含水量

和自由膨胀率等参数检测。

5.2.3.4 土工袋铺设碾压

土工袋采用逐层铺设、逐层初平的方式施工，土工袋初平采用小型振动平板夯或轻型碾压机械。袋子铺设后遇天气发生变化或隔夜施工时，要采用防雨布对场地进行覆盖。若施工进度缓慢，要求采取有效的临时保护措施，避免已经完成的结构体长时间暴露在外界。

1）大土工袋的铺设碾压

（1）大土工袋铺设：大土工袋用随车吊或起重机直接吊入铺设位置，人工扶正铺设，袋子之间保留 10～15 cm 的间隙，使土工袋有足够的延伸空间。

（2）大土工袋的间隙回填：相邻土工袋之间的间隙用与装袋料相同岩性的土料回填，回填料的粒径不大于 5 cm。

（3）大土工袋初平：一个袋层铺设完毕后，用小型振动平板夯来回夯压 2～3 遍或用轻型碾压机械（≤16 t）静碾 1～2 遍，以确保土袋呈扁平状。

（4）在初平后的土工袋层面继续（1）～（3）工序，直至铺厚 40 cm 左右（约 2 个大土工袋厚度），再用碾压机械进行相应遍数的振动碾压，碾压方法为进退错距法，行车速度为 2.0～3.0 km/h，相邻碾迹的搭接宽度不小于碾宽的 1/10。

为了增加土工袋组合体的稳定性，上、下层土工袋之间需错缝铺设，局部可以适当放宽袋子的间距而使上、下层面的土工袋相互错距。

2）小土工袋的铺设碾压

（1）小土工袋铺设：小土工袋采用人工铺设（见图 5-29），袋子之间保留 4～8 cm 的间隙，使土工袋有足够的延伸空间。

图 5-29　人工铺设小土工袋

（2）小土工袋的间隙回填：相邻土工袋之间的间隙用与装袋料相同岩性的土料回填，回填料的粒径不大于 5 cm。

（3）小土工袋初平：一个袋层铺设完毕后，用小型振动平板夯来回夯压2～3遍或用轻型碾压机械（≤16 t）静碾1～2遍，以确保土袋呈扁平状。

（4）在初平后的土工袋层面继续（1）～（3）工序，直至铺厚40 cm左右（约4个小土工袋厚度），再用碾压机械进行相应遍数的振动碾压（见图5-30），碾压方法为进退错距法，行车速度为2.0～3.0 km/h，相邻碾迹的搭接宽度不小于碾宽的1/10。

图5-30　回填间隙后进行碾压

为了增加土工袋组合体的稳定性，上、下层土工袋间需错缝铺设，局部可以适当放宽袋子的间距而使上、下层面的土工袋相互错距。

5.2.4　施工要点

该处理措施所用土工袋有两种规格：大土工袋120 cm×147 cm，小土工袋45 cm×57 cm。所用开挖料为泥灰岩，对于装入小土袋的岩土料，最大粒径应不大于5 cm；对于装入大土袋的岩土料，最大粒径应不大于10 cm。

土工袋+开挖料换填处理措施施工工艺的难点在于装袋和铺筑。

（1）装袋：目前没有适合的机械进行机械化装袋，全靠人工，用工量大、作业效率底、成本高且充填率不易保证。施工期间曾租用黄河华龙工程局装袋机械化生产线，由于泥灰岩调整含水量后（土工袋装袋开挖料含水量控制在大于最优含水量的1%～2%），黏性较大，装袋机械出料口出料困难，装袋运行不流畅，经使用该流水线不能达到预期效果，装袋成本高于人装袋成本。土工袋与格栅开挖料相比筛孔更小了，使得工作效率更低、增加的成本更大。

（2）铺筑：大土工袋装料后，自重大，不适合人工装卸，现场采用汽车吊装到自卸汽车内，在铺筑现场使用挖掘机吊卸并铺筑在工作面上。小土工袋使用人工装卸并铺筑到工作面上。大土袋由于需要机械吊装和铺设，在渠道这样比较窄小的施工场地上施工受局限，不能发挥机械作业的优势；小土袋人工铺设，但工程量大时效率会受影响。

(3)1 级马道以上非过水断面处理措施为土工袋 + 植草，即在土工袋处理层坡面处选用普通编织袋装填根植土(见图 5-31)，并预先拌和草种，编织袋宜疏松，并留有一定孔隙，以便草籽生长。该处理措施施工要点如下：

图 5-31　1 级马道以上土工袋外铺设带草种的编织袋装耕植土

①处理层上放置的装草种的袋子要整齐，否则坡面平整度达不到要求，也不美观。

②植草的时间应在春夏之交，气温回暖，如果植草时间过晚，不利于草种发芽生长，达不到预期的处理效果。

采取同样处理措施的 5 区左、右侧 3 级坡出草率低，草生长力不强，植被覆盖率达不到设计要求(见图 5-32 和图 5-33)。

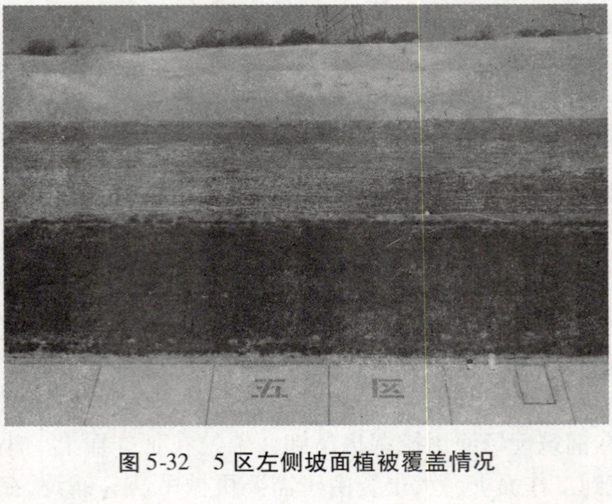

图 5-32　5 区左侧坡面植被覆盖情况

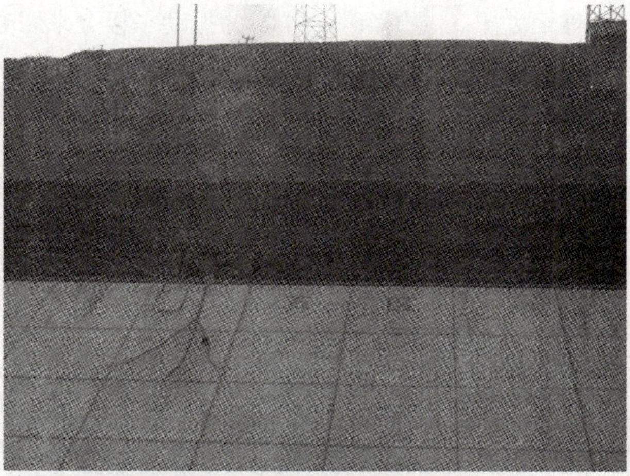

图 5-33 5 区右侧坡面植被覆盖情况

5.2.5 施工质量控制标准

土工袋处理层施工应重点控制原材料、碾压工艺和压实效果三个环节。其中,原材料应严格按照有关材料的技术指标进行控制;碾压工艺在满足压实效果的前提下可根据实际情况进行施工优化或调整,碾压施工控制参数见表 5-4,土工袋处理层坡面形成后的外切平整度不超过 ±2 cm;粗砂找平层按 0.7 的相对密度控制;处理层压实效果控制参数见表 5-5。

表 5-4 土工袋(大、小两种尺寸)处理层碾压施工控制参数

开挖料	压实工法	铺料厚度(mm)	含水量	碾压机具	碾压遍数(遍)	行车速度(km/h)	行车方式
泥灰岩	振动平碾	≤40	大于最优含水量的 1% ~2%	16 t 振动平碾	8	2 ~3	采用进退错距法,相邻碾迹的搭接宽度不小于碾宽的 1/10

表 5-5 土工袋处理层压实效果控制参数

材料	最大粒径(mm)	填筑含水量	压实度(%)	最大干密度(g/cm^3)	压实层厚(cm)	碾压层土袋个数(个)
泥灰岩	≤100(大土工袋)	大于最优含水量的 1% ~2%	≥85	1.98	40	2
	≤50(小土工袋)	大于最优含水量的 1% ~2%	≥85	1.98	40	4

1 级马道以下坡面处土工袋用 50 kg 左右的振动平板夯来回夯压 6 遍,要求夯压至边脚。

5.2.6 施工质量检测方法

土工袋装袋开挖料含水量控制在大于最优含水量的 1% ~2%,压实度控制标准不小于 85%,用环刀法进行检测。参考土料碾压需在碾压层下部 1/3 处取样检测(见图 5-34),土工袋检测是在上部第二层取样检测的(碾压层厚为 4 层),以方便取样、少破坏碾压层。

图 5-34 土工袋碾压检测取样

5.3 换填黏性土处理措施

换填黏性土处理措施(见图 5-35)为中膨胀岩试验段换填厚度为 2.0 m;1 级马道以下过水断面处理层上铺设粗砂找平层,然后依次铺设聚苯乙烯保温板、复合土工膜防渗及混凝土衬砌板。

5.3.1 施工材料及技术指标

施工主要材料有黏土料、中粗砂。

5.3.1.1 黏土料

(1)填筑材料应是经过工程地质勘探且合格的料场取得的土料,或从渠道本身开挖获得的合格土料。填筑材料不应含有冰、树根、表土、杂质及任何其他由监理工程师确定为不合格的材料。

(2)对土料场应经常检查所取土料的土质情况、土块大小、土料含水量等是否符合填筑要求。若不满足,则应采用相应措施使之达到设计及施工要求。

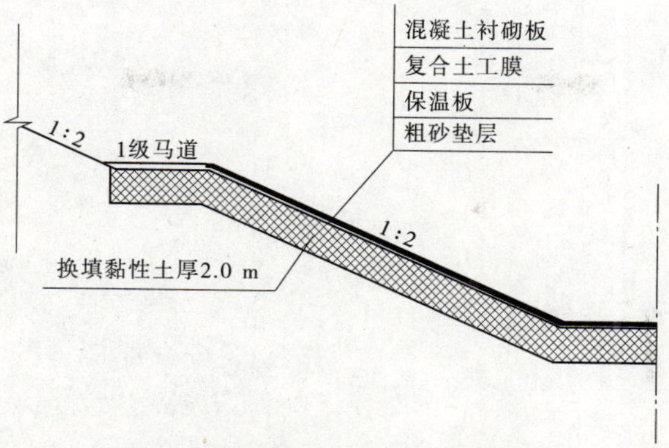

图 5-35　黏土换填处理措施示意图

(3)土料开采,应在料场严格控制土料的含水量,土料的含水量应在最优含水量的 -2% ~ +3% 范围内。

5.3.1.2　**中粗砂**

此处与前述格栅处方案中粗砂找平层材料要求同。

5.3.2　施工机具

施工机具有振动凸块碾、推土机等。

5.3.3　施工工序

5.3.3.1　**清基**

按照施工图要求开挖边坡,清除坡面及渠底浮土,遇地表积水应提前进行抽排,保证基坑清洁、干燥。铺土前,基层需用振动平碾碾压 8 遍,要求最后 1 遍的沉降量小于 1.5 mm,基层地表面不平整度不超过 ±5 cm(见图 5-36)。

5.3.3.2　**放样**

严格按照施工图放样,做好边桩、填土高度、边坡坡比控制等。

5.3.3.3　**铺土**

铺土之前应先对料场土料的含水量进行检测,在含水量满足设计指标的前提下方可填筑施工。若换填土料实测含水量低于规定的含水量,应将土料用洒水车喷洒湿润,用挖掘机翻拌均匀(不少于 3 遍),用土工膜包闷 24 h 后方可填筑施工。含水量调整后的土料,若需要隔夜施工,应及时用土工膜包裹,以防止含水量再次变化。

5.3.3.4　**碾压施工**

采用装载机进料,推土机粗平,再用人工精平,表面平整度不超过 ±5 cm(见

图 5-36　清基、放样后进料、铺平

图 5-37　18 t 振动凸块碾碾压

图 5-37)。采用进退错距法对土料进行碾压,要求行车速度为 2.0 ~ 3.0 km/h,相邻碾迹的搭接宽度不小于碾宽的 1/10。铺土后遇天气发生变化或隔夜施工时,要采用防雨布对场地进行覆盖。

5.3.4　施工要点

该处理措施施工要点是碾压工艺。每层碾压后层厚不能超过 30 cm,压实度达到 100%。

5.3.5　施工质量控制

黏性土处理层施工应重点控制原材料、碾压工艺和压实效果三个环节。其中,原材料应严格按照招标文件有关材料的技术指标进行控制;碾压处理层坡面形成后的平整度不超过 ±5 cm(见图 5-38);中粗砂垫层按 0.7 的相对密度控制;碾压施工控制参数见表 5-6。处理层的压实效果按照表 5-7 所规定的指标控制。

图 5-38　黏土换填处理完成后坡面

表 5-6　换填黏性土料碾压施工控制参数

土料	压实工法	铺料厚度(cm)	铺料方式	含水量	碾压机具	碾压遍数(遍)	行车速度(km/h)	行车方式
黏性土	振动平碾	35	进占法	最优含水量	18 t 振动凸块碾	12	2 ~ 3	采用进退错距法,相邻碾迹的搭接宽度不小于碾宽的 1/10

表 5-7　换填黏性土处理层压实效果控制参数

材料	填筑含水量(%)	压实度(%)	压实后层厚(cm)
黏性土	在最优含水量的 -2% ~ +3% 范围内	100	≤30

5.3.6　施工质量检测方法

换填黏性土碾压施工时压实度控制标准为 100%,用环刀法取样进行检测。黏性土处理层坡面形成后的平整度不超过 ±2 cm,用 2 m 靠尺检测。

5.4　复合土工膜处理措施

复合土工膜处理措施,1 级马道以下中、弱膨胀岩区均采用铺设 600 g/m^2

复合土工膜+衬砌的处理措施，其中在中膨胀岩试验区（4 区）右侧渠坡混凝土衬砌厚度又分 8 cm、10 cm、20 cm 三种不同的形式作对比。1 级马道以上采用复合土工膜加辅助处理措施的方案，复合处理措施有三种：5 cm 中粗砂找平层 + 600 g/m^2 复合土工膜 + 喷护 1 cm 水泥砂浆，850 g/m^2 复合土工膜 +50 cm 泥灰岩开挖料 + 土工网 + 土工网垫内含耕植土及草种，850 g/m^2 复合土工膜 +50 cm 非膨胀土保护层 + 喷撒拌和草种的根植土 5 cm。

各处理措施示意图如图 5-39 ~ 图 5-42 所示，图中复合土工膜 1 为 600 g/m^2 复合土工膜，复合土工膜 2 为 850 g/m^2 复合土工膜。

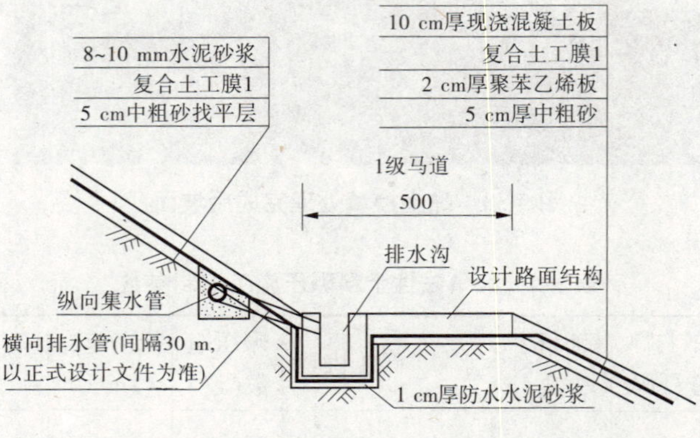

图 5-39　1 级马道以下 600 g/m^2 复合土工膜 + 衬砌

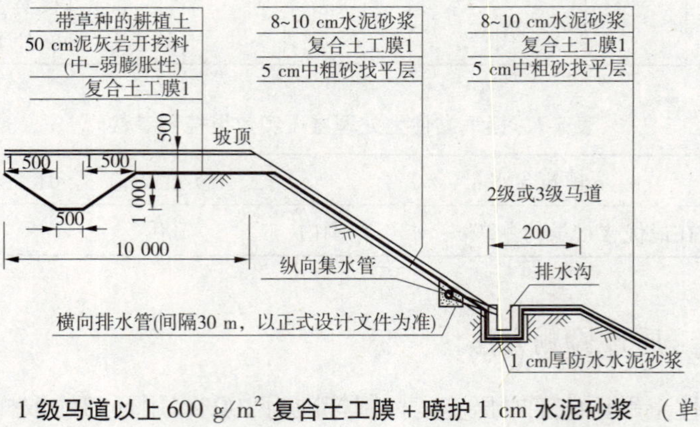

图 5-40　1 级马道以上 600 g/m^2 复合土工膜 + 喷护 1 cm 水泥砂浆　（单位：mm）

5.4.1　施工材料及技术指标

复合土工膜处理方案施工的主要材料有：复合土工膜材料、土工网、土工网垫、中粗砂找平层填料、砂浆、泥灰岩开挖料（中 - 弱膨胀性）、耕植土及草种等。

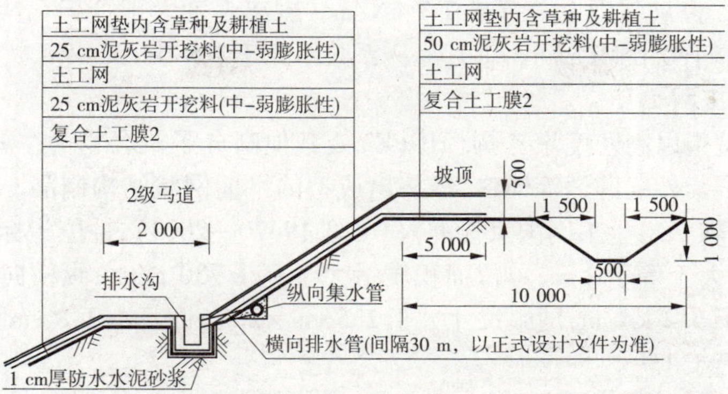

图 5-41　1 级马道以上 850 g/m² 复合土工膜 +50 cm 泥灰岩开挖料 + 土工网 + 土工网垫内含耕植土及草种　(单位:mm)

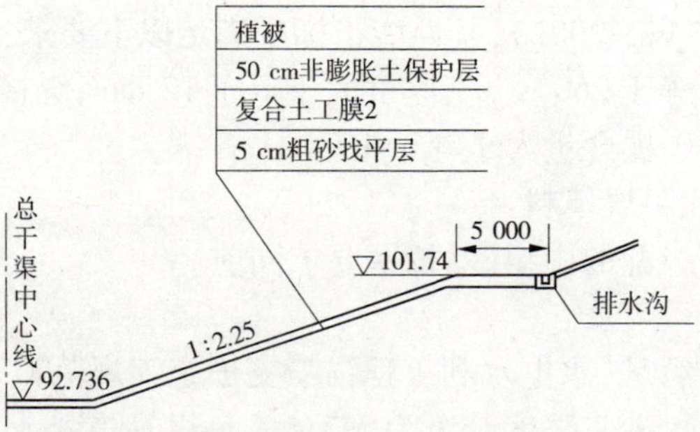

图 5-42　1 级马道以上 850 g/m² 复合土工膜 +50 cm 非膨胀土保护层 + 喷撒拌和草种的根植土 5 cm　(单位:高程,m;尺寸,mm)

5.4.1.1　**复合土工膜材料**

复合土工膜中的膜为厚 0.3 mm 的聚乙烯膜,布为宽幅(幅宽大于 5 m)聚酯长丝针刺土工布。复合土工膜技术性能指标应符合下列要求。

1)聚乙烯膜

聚乙烯膜应符合《食品包装用聚乙烯成型品卫生标准》(GB 9687—88),土工膜无毒性,对水质无污染,采用全新原料,不得添加再生料,膜应为无色透明。

2)复合土工膜(复合体)

复合体表面材料应采用经加糙处理过的材料,不应采用通常的光滑表面材料。

本技术要求中涉及的复合土工膜分为复合土工膜 1 和复合土工膜 2 两种,具体技术参数如下。克重:复合土工膜 1 为 600 g/m²(300 g/m² –0. 3 mm –300 g/m²);复合土工膜 2 为 850 g/m²(上层 450 g/m² –0. 3 mm – 下层 400 g/m²)。厚度:复合土工膜 1 大于等于 2. 7 mm,复合土工膜 2 大于等于 4. 7 mm。幅宽大于 5 m。断裂伸长率大于 50%。断裂强力大于等于 27 kN。CBR 顶破强力大于等于4.9 kN。撕破强力大于等于0.7 kN/m。剥离强度大于等于6 N/m。耐静水压力大于等于0.6 MPa/m。垂直渗透系数不大于10 ~11 cm/s。

5.4.1.2　**土工网**

土工网是指以高密度聚乙烯(HDPE)或其他高分子聚合物为主要原材料,加入一定的抗紫外线助剂等辅料,经挤出成型的平面网状结构制品。其应符合《土工合成材料塑料土工网国家标准》(GB/T 19470—2004),性能指标应满足以下要求:幅宽大于等于2 m;单位面积质量大于等于730 g/m^2;纵横向拉伸屈服强度大于等于6.2 kN/m;网眼尺寸大于2.5 cm×2.5 cm且小于8 cm×6 cm;碳黑含量大于等于1%。

5.4.1.3　**土工网垫**

土工网垫是指以热塑性树脂为原料,经挤出成网、拉伸、复合成型等工序而制成的多层塑料三维土工网垫。其应符合《土工合成材料塑料三维土工网垫国家标准》(GB/T 18744—2002),其性能指标应满足以下要求:幅宽大于等于2 m;单位面积质量大于等于260 g/m^2;厚度大于等于12 mm;纵横向拉伸屈服强度大于等于1.4 kN/m;碳黑含量大于等于1%。

5.4.1.4　**中粗砂找平层填料**

采用具有良好级配的中粗砂,技术要求同前。

5.4.1.5　**砂浆**

砂浆材料要求满足《水电水利工程锚喷支护施工规范》(DL/T 5181—2003)中的喷护施工要求。砂浆强度等级为M7.5。每级马道排水沟内壁的防水砂浆强度等级为M7.5,另加适量防水剂。

5.4.1.6　**泥灰岩开挖料(中-弱膨胀性)**

泥灰岩开挖料(中-弱膨胀性)最大粒径应不大于5 cm,控制含水量为大于最优含水量的1%~2%。

5.4.1.7　**耕植土及草种**

选用无膨胀性、利于植物生长的耕植土,草皮绿化选择当地易于生长的、耐旱性的草种,如高羊茅、紫羊茅和野牛草等。

5.4.2　施工机具

施工机具有斜坡碾、热熔焊机、搅拌机、空压机等。

5.4.3　施工工序

1级马道以下复合土工膜处理措施施工工序:清基整平→放样→铺设粗砂垫层→铺设保温板→复合土工膜铺设与拼接→C10现浇混凝土衬砌。

1级马道以上复合土工膜处理措施施工工序如下:

(1)复合土工膜+喷护水泥砂浆处理:清基整平→放样→铺设粗砂垫层→复合土工膜铺设与拼接→喷护水泥砂浆保护层。

(2)复合土工膜+三维土工网垫+植草处理:清基整平→放样→铺设粗砂垫层→复合土工膜铺设与拼接→回填25 cm泥灰岩开挖料→铺设土工网→回填25 cm泥灰岩开挖料→铺设土工网垫(内含草种和耕植土)。

(3)复合土工膜+50 cm非膨胀土+植草:清基整平→放样→铺设粗砂垫层→复合土工膜铺设与拼接→回填50 cm非膨胀土保护层→植草。

5.4.3.1 **清基整平**

按照施工图要求开挖边坡,清除坡面及渠底浮土,并清除一切可能刺破复合土工膜的尖角岩石、土块、木桩等杂物,凸凹处须整平、填平,要求基层平整度不超过±5 cm。遇表层积水应提前进行抽排,保证基坑清洁、干燥。

5.4.3.2 **放样**

严格按照施工图放样,作好边桩、边坡坡比控制等。

5.4.3.3 **复合土工膜铺设与拼接**

复合土工膜的铺设须在坡面清基整平完成并经验收合格后进行。

复合土工膜采用人工铺设(见图5-43),将成卷的复合土工膜沿坡顶向渠底方向铺设。复合土工膜采用热熔法双缝焊接(见图5-44),焊接宽约10 cm,焊边方向与渠道走向垂直。在坡顶处将复合土工膜埋入固定沟内。对于有排水沟的地方,复合土工膜铺设时须将土工膜埋入已经预先开挖的排水沟槽内,槽内预置适量防水砂浆液体以形成膜下浅部隔水线。需要注意的是,铺放时需留约1.5%的余幅,以便拼接和适应气温变化。铺放时随铺随压,以防风吹。施工中严禁推土机、压路机等机械在已铺设复合土工膜的坡面上行走。施工中发现损伤,应及时修补。施工过程中严禁烟火。施工人员需着无钉鞋或胶底鞋。

图5-43 复合土工膜铺设

图 5-44　热熔法双缝焊接土工膜

在马道处排水沟下，复合土工膜的过渡应平顺连接，采用热熔法双缝焊接，焊接宽约 10 cm，铺设完成后，再进行混凝土衬砌(见图 5-45)。

图 5-45　1 级马道以下复合土工膜上进行衬砌

将仪器探头接线或管穿过复合土工膜后，需用土工膜胶进行黏结密封，并作好标记。

5.4.3.4　**喷护砂浆保护层**

砂浆施工采用喷护作业，施工方法参照《水电水利工程锚喷支护施工规范》(DL/T 5181—2003)进行，喷护厚度为 8 ~ 10 mm。砂浆喷护前复合土工膜铺设、复合土工膜喷护水泥砂浆和喷护砂浆时用的搅拌机及空压机见图 5-46 ~ 图 5-48。

图 5-46　砂浆喷护前复合土工膜铺设

图 5-47　复合土工膜上喷护水泥砂浆

图 5-48　喷护砂浆时用的搅拌机和空压机

5.4.3.5　**回填泥灰岩开挖料(中－弱膨胀性)保护层**

(1)在坡面复合土工膜上,回填开挖料后碾压至设计要求,厚度为 25 cm,见图 5-49 和图 5-50。

图 5-49　坡面复合土工膜铺设完毕,上铺回填料

图 5-50　斜坡碾碾压回填料至设计要求

(2)在坡面碾压完成的开挖料上和坡顶复合土工膜上铺土工网,见图 5-51。

(3)在坡面再回填开挖料,碾压至设计要求,厚度为 25 cm;在坡顶回填开挖料并压实,厚度为 50 cm。

(4)在坡面、坡顶铺设土工网垫,喷撒拌和草种的耕植土,耕植土要求覆盖土工网垫,厚度为 2.0 cm,见图 5-52 和图 5-53。

坡面排水沟等其他构件浇筑可在保护层回填完成后再进行开挖,也可先行预制浇筑,再进行回填(见图 5-54)。

5.4.3.6　**土工网铺设与拼接**

将成卷的土工网沿坡顶向渠底方向铺设。土工网间连接方式如下:在机器

图 5-51 回填料碾压完成后土工网铺设、拼接

图 5-52 土工网上再次铺设回填料碾压完成后铺土工网垫

图 5-53 土工网垫上铺设耕植土并播种草籽

图 5-54　三维土工网处理措施中的排水沟

加工方向(纵向)上搭接长度不小于 7.5 cm,在横向上搭接长度不小于 15 cm。横缝为顺坡搭接。使用塑料绳带把材料拴紧在一起,在机器加工方向(纵向)上连接间距为 150 cm,在横向上连接间距为 30 cm(见图 5-54)。

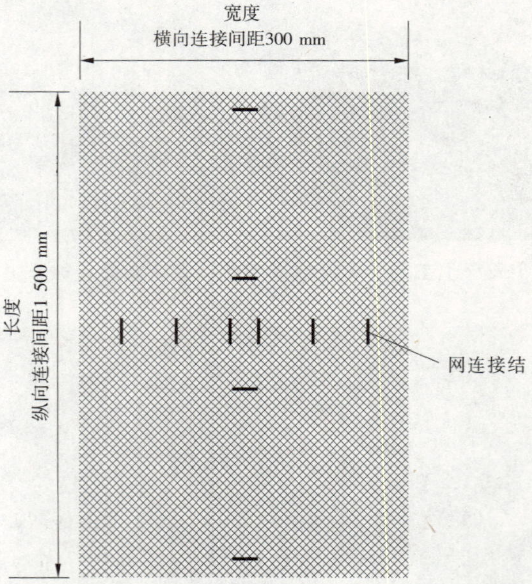

图 5-55　土工网连接示意图

无论何种方法均要求在坡顶有 5 m 以上长度的土工网铺在复合土工膜上,以利用其上的土重增加抗滑性能。

5.4.3.7　土工网垫铺设与连接

土工网垫铺设于整个回填土层表面(包括坡面及坡顶),其连接方法和要求同土工网。

5.4.4 施工要点

该方案施工中的两个关键点为复合土工膜的铺设与接缝处理。

(1)复合土工膜的铺设不宜过紧,不得打皱,但在整体坡面铺设时,施工面积大,不易铺设平整,局部有隆起。

(2)复合土工膜的接缝处理直接影响处理效果,该方案采用热熔双缝焊接,并采用充气法对复合土工膜全部拼接处进行密封性检测。

5.4.5 施工质量控制

复合土工膜处理层施工应重点控制原材料、土工膜的焊接、回填料压实和砂浆喷护。其中,原材料应严格按照“5.4.1 施工材料及技术指标进行控制”。

5.4.5.1 复合土工膜施工质量控制

各铺设幅之间搭接宽度不小于 10 cm,采用现场双缝焊接。现场焊接施工时,先进行撕拉试验检验焊接小样,当焊缝不被撕拉破坏,而母材撕裂为合格后方能用调整好状态的热熔焊机进行正式焊接;采用其他拼接方法施工时,先进行撕拉试验检验拼接小样,当拼接处不被撕拉破坏,而母材撕裂为合格,且拼接处须满足密封性检测标准,两项检测合格后方能以此拼接方法进行正式拼接。

5.4.5.2 土工网及土工网垫施工质量控制

土工网及土工网垫拼接时必须满足搭接长度要求,用塑料绳带把材料拴紧在一起(见图 5-56),不能有脱落,其连接强度采用抽样进行室内撕拉试验检测,要求拼接处抗拉强度大于母材强度。土工网铺设后的坡面见图 5-57。

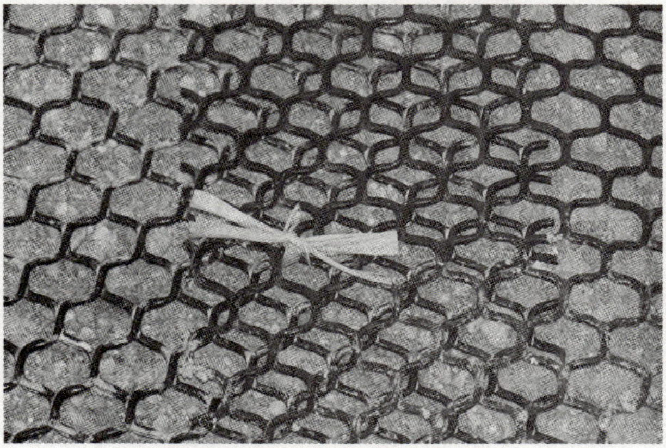

图 5-56 土工网拼接

图 5-57　土工网铺设坡面

5.4.5.3　中粗砂找平层施工质量控制

1 级马道以上中粗砂找平层施工后要求坡面平整度不超过 ±2 cm。

5.4.5.4　回填开挖料施工质量控制

回填泥灰岩开挖料(中－弱膨胀性)施工控制含水量为大于最优含水量的 1% ~2%,要求压实度≥85%。

在回填开挖料碾压施工过程中,建议使用斜坡碾机械,严禁使用大型碾压机械,以防止损伤复合土工膜、土工网。回填开挖料的压实效果按照表 5-8 所规定的指标控制。

表 5-8　三维土工网垫处理措施回填开挖料压实控制参数

材料	最大粒经(mm)	填筑含水量	压实度(%)	最大干密度(g/cm^3)	最优含水量(%)
泥灰岩	<50	大于最优含水量的 1% ~2%	≥85	1.98	12.9

5.4.6　施工质量检测方法

复合土工膜施工质量检测采用密封性检测。采用充气法对复合二工膜全部拼接处进行密封性检测。将待测段(长度为 30 ~ 60 m)两端封死,插入气针,充气压力达到 0.15 ~ 0.2 MPa,在 0.5 min 内压力表能维持读数的表明不漏,焊接合格;否则须采用胶粘法修补,检测方法执行《水利水电工程土工合成材料应用技术规范》(SL/T 225—98)中的强度检测。对复合土工膜的焊缝抽样进行室内撕拉试验检测,焊缝抗拉强度大于母材强度为合格。

土工网及土工网垫拼接时必须满足搭接长度要求，用塑料绳带把材料拴紧在一起，不能有脱落，其连接强度采用抽样进行室内撕拉试验检测，要求拼接处抗拉强度大于母材强度。

5.5 改性土(水泥土)处理措施

改性土处理措施，中膨胀岩试验段采用换填改性土 2.0 m，1 级马道以下过水断面在处理层上铺设粗砂找平层，然后依次铺设聚苯乙烯保温板、复合土工膜防渗及混凝土衬砌板。该方案仅在试验 5 区左侧一级坡 1/3 渠坡高度以下实施，上接土工袋换填 2.0 m 处理措施(见图 5-58)。

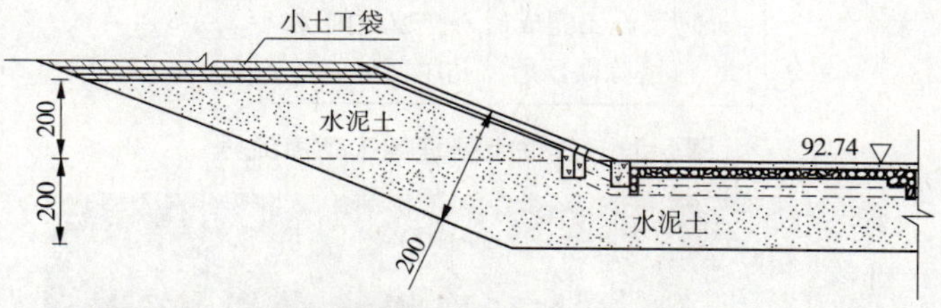

图 5-58　改性土换填处理措施示意图　(单位:高程,m;尺寸,mm)

5.5.1　施工材料及技术指标

施工主要材料有开挖泥灰岩土料、水泥。

(1)水泥土掺拌料统一要求泥灰岩开挖料最大粒径应不大于 50 mm。

(2)水泥强度等级为 32.5。

5.5.2　施工机具

施工机具有开挖料筛分机具、推土机、16 t 振动平碾等。

5.5.3　施工工序

改性土处理施工工序流程见图 5-59，换填后用机械削坡见图 5-60。

5.5.3.1　清基

按照施工图要求开挖边坡，清除坡面及渠底浮土，遇地表积水应提前进行抽排，保证基坑清洁、干燥。铺土前，基层需用振动平碾碾压 8 遍，要求最后 1 遍的沉降量小于 1.5 mm，基层地表面不平整度不超过 ±5 cm。

5.5.3.2　放样

严格按照施工图放样，作好边桩、填土高度、边坡坡比控制等。

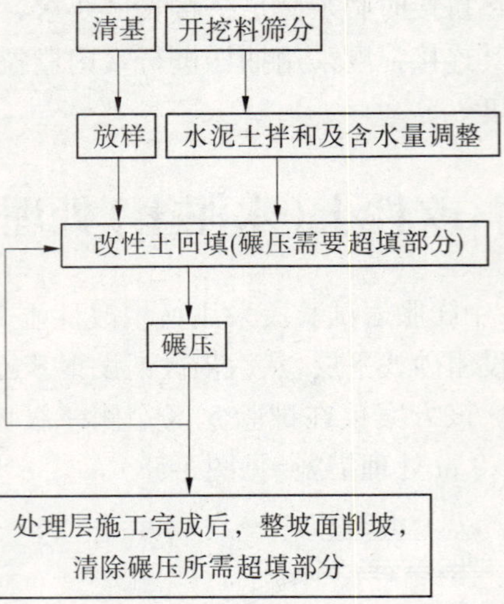

图 5-59　改性土处理施工工序流程

图 5-60　水泥土换填完成后削坡

5.5.3.3　**水泥土的铺设碾压**

(1)水泥土掺拌比例:水泥掺量按土重的 6% 计。

(2)水泥土的压实控制层厚:≤40 cm。

(3)水泥土掺拌:先将泥灰岩过 5 cm 的筛,调整含水量过程中加进 6% 的水泥翻拌 3 遍以上。

(4)施工过程中若遇雨天,应用雨布盖上。

5.5.3.4　**碾压施工**

采用装载机进料,推土机粗平,再用人工精平,表面平整度不超过 ±5 cm。采用进退错距法对土料进行碾压,要求行车速度为 2.0 ~ 3.0 km/h,相邻碾迹的搭接宽度不小于碾宽的1/10。铺土后遇天气发生变化或隔夜施工时,要采用防雨布对场地进行覆盖。

5.5.4 施工要点

改性土施工中的难点有两个:①改性土的搅拌配置;②削坡困难,平整度不易达到要求。

水泥土掺拌料统一要求泥灰岩开挖料最大粒径应不大于50 mm。泥灰岩采用挖掘机开挖,由于成岩好,开挖的泥灰岩料粒径大。为满足回填料粒径要求,必须进行筛分。其筛分率较低,为提高筛分率,需要把泥灰岩开挖料分层摊开,然后使用推土机或振动碾把开挖的泥灰岩开挖料压碎。泥灰岩开挖料经过压碎和筛分后,水分(含水量一般为8%~10%)散失大,用于回填时必须调整含水量,调整含水量过程中加进6%的水泥翻拌3遍以上,保证拌和均匀。

5.5.5 施工质量控制标准

水泥土处理层施工应重点控制原材料、拌和工艺、碾压工艺和压实效果四个环节。其中,原材料应严格按照有关材料的技术指标进行控制;碾压施工控制参数见表5-9,碾压处理层坡面形成后的平整度不超过±5 cm;中粗砂垫层按0.7的相对密度控制;处理层的压实效果参照表5-10。

表5-9 水泥土处理层碾压施工控制参数

开挖料	压实工法	铺料厚度(cm)	含水量	碾压机具	碾压遍数(遍)	行车速度(km/h)	行车方式
泥灰岩	振动平碾	≤40	大于最优含水量的1%~2%	16 t振动平碾	8	2~3	采用进退错距法,相邻碾迹的搭接宽度不小于碾宽的1/10

表5-10 水泥土处理层压实效果控制指标

材料	最大粒径(mm)	填筑含水量	压实度(%)	最大干密度(g/cm^3)	压实层厚(cm)
泥灰岩	≤50(水泥土)	大于最优含水量的1%~2%	≥98	由击实试验确定	40

5.5.6 施工质量检测方法

水泥土压实度控制标准不小于98%,用灌水法进行检测。要求削坡平整度

不超过 ±5 cm,用 2 m 靠尺进行检测。

5.6 实践总结

为便于从施工角度对处理方案进行难易程度的评价,将渠坡处理措施分为过水断面有处理层的措施和非过水断面的防护措施分别进行分析。

5.6.1 土工格栅处理措施

土工格栅处理措施的主要难点在于施工工序多,开挖料筛分、含水量调整困难,格栅反包难,层层重复填筑及削坡工程量大。

(1)开挖料的筛分和含水量的调整困难。土工格栅回填采用开挖泥灰岩弃料(中－弱膨胀性),粒径过大,无法均匀压实及每一层的取样检验困难;粒径过小,不仅增加施工成本,可用料源也将减少。因此,筛分工序必不可少。

由于泥灰岩成岩程度不均,需要把泥灰岩开挖料分层摊开,先用推土机或振动碾把成岩好的大粒径的泥灰岩料压碎,然后筛分。

泥灰岩开挖料经过摊铺、压碎和筛分后,含水量将降低,为保证在最优含水量下(一般为 18% ~20%)达到设计干密度,施工时要做到边筛分边加水,调整含水量,然后集中拢聚,覆盖薄膜,防止水分散失。

(2)格栅翻包工艺复杂,工程投资和施工用时增加。削坡余量的重复填筑:为保证坡面压实质量,填筑面要按设计坡度预留足够的削坡余量。若坡比为 1:2.5,每层厚度为 50 cm,则预留的削坡余量最低不能低于 1.25 m。由于土工格栅每层进行翻包,就要对碾压层面进行削坡,做到一层一削坡。同时,填筑下层时还要留削坡余量,增加了很大的削坡余量。经过比较,土工格栅翻包比一般的填筑要增加 3 倍的削坡余量。

土工格栅张拉难度在于削坡的精细。一般先用机械削坡后(见图 5-61)再进行人工削坡。坡面不平顺和有砾石尖角,就不能很好地保证格栅拉紧。由于开挖料的粒径要求不大于 10 cm,削坡会存在砾石尖角;膨胀岩经过压实后非常紧密,翻包的结合面必须使用人工削坡(见图 5-62)。人工削坡的强度很大,保证削坡的平顺有困难。

格栅反包采用人工张拉(见图 5-63)或机械张拉(见图 5-64),每副 1.5 m 宽需要 3 个人同时张拉,另外 1 人钉 U 形钉。下层格栅经坡面反包至上层碾压面后与碾压面上铺设的格栅需要人工搭接,所以作业面需要的人工多。

(3)翻包工艺改良后,减少了逐层反包、削坡、回填的工序,既缩短了工时,又降低了工程投资。但缺点是每层需提前放边线,张拉时每层坡面连接处不易

图 5-61　碾压完成后挖掘机在进行坡面削坡

图 5-62　机器削坡后，人工精平坡面

图 5-63　格栅采用人工张拉

图 5-64 机器张拉

掌握，可能铺设在底层的预留格栅会超出设计坡面或短于设计坡面.反包格栅效果不理想，没有分层反包的坡面格栅张拉紧（见图 5-65）。

图 5-65 试验 2 区左侧翻包后坡面不平整

（4）土工格栅反包坡面，坡面与格栅不能充分紧贴在一起，一般都有 3 cm 的间隙，有的坡面处空隙达 15 cm 左右（见图 5-66 和图 5-67）。因格栅面较滑，其上粗砂铺设困难，相对密度难以达到 0.7 的要求，雨后坡面上铺设的粗砂被冲到坡脚处，坡面鱼鳞沟明显；格栅面上的植喷处理也不能与格栅下的岩坡面紧密相接，造成雨后植喷多处被冲掉的现象。

5.6.2 换填黏性土处理措施

该方案采用先渠底后渠坡，分层铺设，进占法施工，自卸车将土料运至施工现场，虚铺厚度为 35 cm，推土机摊铺，20 t 振动碾碾压 8 遍，取样合格后进行下一层铺设直至设计高程。

非膨胀性土进行换填是一种行之有效的处理浅层滑动的方法，通过采用非

图 5-66　格栅与坡面不能紧密结合

图 5-67　格栅坡面隆起

膨胀性黏土，在一定厚度范围内对膨胀岩进行覆盖，阻断膨胀岩体与外界水分交换，使膨胀岩的含水量相对稳定，且换填黏土层可作为柔性支挡，达到稳定膨胀岩边坡的目的。

该方案施工工艺简单、速度快、投资少，在有土可换的渠段应为首选方案。

5.6.3　封闭土工膜处理措施

该方案具有投资低、施工工艺简单、工期短、防渗效果好的优点。施工中的两个关键点为复合土工膜的铺设与接缝处理。

(1)复合土工膜的铺设不宜过紧，不得打皱，在整体坡面铺设时，施工面积大，不易铺设平整，局部有隆起。

(2)土工膜在大面积施工时,其接缝处理与检测很难做到没有渗漏,特别是在过水断面使用该方案时,施工质量是影响工程安全的重要因素。

5.6.4 土工袋处理措施

土工袋+开挖料换填处理措施施工工艺的难点在于装袋和铺筑。

土工袋铺筑后由于自身结构原因,碾压后上下层间形成台阶状(见图5-68),铺筑砂石垫层的厚度需要10~20 cm,平均厚度为15 cm。

图5-68 土袋台阶状坡面,U形钢筋为控制坡面边线

5.6.5 施工难易对比

对过水断面的4种方案从施工难易程度上分析:

(1)封闭土工膜方案施工工序少、操作简单,但控制质量的土工膜焊接和检测是影响施工质量的重要因素,其在大面积推广使用过程中难于控制。

(2)土工格栅方案施工难点多、工序多。回填弱膨胀岩的筛分和含水量调整工序必不可少;格栅翻包难,无论人工拉张还是机械拉张都很难实施;层层翻包需要重复填筑和削坡,工程量大且增加施工成本,尽管现场也作了简化翻包施工方案,减少了一层一削坡的工作量,但大翻包同样存在拉张困难的问题,不能紧密拉张将直接影响措施本身约束水平变形的作用。在大面积推广使用过程中质量难于控制,施工质量检测标准难以在现场实现。

(3)换填黏性土方案施工简单、工序少、效率高,同时施工质量容易控制,施工质量检测标准在现场实施过程中易于实现。

(4)土工袋处理措施的难点在于装袋和铺筑在现场实施过程中难于实现机械化操作,人工操作使工效降低。另外,受土工袋袋体的制约,在铺筑过程中很难形成平整的坡面,呈台阶状的坡面在铺设粗砂垫层时表面的平整度和粗砂层的压实度很难控制。

因此，从施工难易程度单一因素考虑，首选封闭土工膜方案，其次是换填黏性土方案，再次是土工袋方案，最后是土工格栅方案。

5.6.6 适用条件

根据对不同处理措施的施工工艺、质量控制标准、施工条件及工程管理、工程安全性及经济性能，以及处理效果的理论分析和计算等方面研究，总结各种处理措施的适用条件如下：

(1)各种处理措施仅考虑施工难易单一程度：①过水断面封闭土工膜方案施工最简单，其次是换填黏性土方案，再次是土工袋方案，最后是土工格栅方案。②非过水断面植喷措施最简单，其次是喷水泥砂浆方案，再次是土工膜+水泥砂浆防护方案，最后是喷快速防护材料措施、混凝土框格植草措施及砌石拱防护措施。从施工后的外观效果上看，混凝土框格植草方案和砌石拱方案既能起到防护作用，又能兼顾美观。

(2)各种处理措施监测数据分析：①从施工后期水平位移监测变形成果上分析，土工袋处理措施的变形量最小，其次是土工格栅措施，再次是换填黏性土措施，最后是封闭土工膜方案。因此，单从目前施工后期测得的水平变形量上分析，过水断面 4 种方案中，土工袋方案在抑制土体膨胀变形上最有效，其次是土工格栅措施，再次是换填黏性土措施，最后是封闭土工膜方案。

(3)处理效果理论计算结果：通过对过水断面土工格栅措施、换填黏性土措施、土工膜处理措施、土工袋处理措施进行的处理层施工前和施工后极限平衡法和有限元法计算结果，以及现场水平位移监测成果的综合分析：土工袋处理效果最好，其次是土工格栅方案，再次是换土方案，最后是封闭土工膜方案。

(4)经济性能分析结论：通过各种方案每延米投资对比，过水断面中投资最优方案是封闭土工膜方案，其次是换填黏性土方案，再次是土工格栅方案，最后是土工袋方案。但土工袋方案若采用机械化施工，投资还有优化的余地。

(5)从工程管理及环境影响上分析：土地是不可再生资源，充分利用渠道挖方弃土，减少取土用地、弃土占地是膨胀岩渠坡处理的首选方案。

在渠道大面积施工时，常常因为移民占地等因素影响施工进程，虽然目前在经济比较中换土方案占有优势，但一旦开工建设，受各种外部环境的综合影响，各方案之间的优势和劣势会相互转换。考虑社会因素、土地资源及施工建设管理等方面因素，土工格栅方案、土工袋方案均存在一定的优势。

(6)各种处理方案适用条件。

根据对不同处理措施的施工工艺、质量控制标准、施工条件及工程管理、工程安全性及经济性能等方面的评价，经综合分析，针对不同渠段的地质条件、施工环境及管理因素等方面提出以下推荐方案：

①有土可换的渠段，首选换土方案。

②处理断面较短、挖深小或建筑物进、出口段扭曲面挡墙等适宜点状作业的施工面，以及高地下水位的挖方渠段可采用土工袋方案。

③对于弱膨胀渠段且地下水位低于设计渠底的挖方渠段、填方渠段，可用复合土工膜方案。

④无土可换的、地下水位较浅的渠段可采用土工格栅加筋方案。

第 6 章　膨胀岩渠坡坡面防护工程

非过水断面的坡面防护措施主要对喷护快速防护材料处理、植喷处理、砌石联拱 + 植草处理、混凝土框格植草处理、喷水泥砂浆等措施进行了现场原型实践。

6.1　喷护快速防护材料处理

在开挖后的坡面上直接喷护快速防护材料(见图 6-1),以保持坡体内含水量不发生变化,保证土体强度,防止雨水冲刷坡面。该方案为 1 级马道以上非过水断面膨胀岩渠段的处理措施。快速防护材料由水泥、水玻璃、骨料、水四者按一定比例配制而成,喷护厚度为 3 cm。

图 6-1　8 区右侧喷护快速防护材料坡面

6.1.1　施工材料及技术指标

6.1.1.1　水泥

水泥选用普通硅酸盐水泥,强度等级不宜低于 42.5。水泥的性能指标应符合现行的水泥国家标准。

6.1.1.2　水玻璃

当使用温度不大于 100 ℃时,钾水玻璃的模数为 2.7 ~ 2.9,密度为 1.42 ~

1.46 g/cm³，二氧化硅的含量为27%～29%；当使用温度大于100 ℃时，钾水玻璃的模数为2.6～2.8，密度为1.4～1.46 g/cm³，二氧化硅的含量为25%～28%。

6.1.1.3　**骨料**

（1）砾石粒径宜采用3～8 mm，使用前过筛；

（2）泥灰岩应碾磨，并过2 mm以下的筛。

6.1.1.4　**用水**

用水采用生活用水。

6.1.2　施工机具

施工机具有搅拌机、空压机、筛分机械等。

6.1.3　施工工序

喷护快速防护材料施工工序见图6-2。

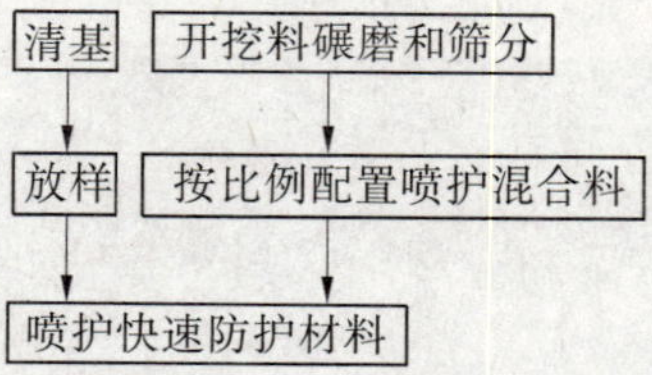

图6-2　喷护快速防护材料施工工序

（1）材料配合。

参照《水电水利工程锚喷支护施工规范》（DL/T 5181—2003）中的湿喷法配合比（见表6-1）。

表6-1　湿喷法配合比

喷射方法	水泥与砂石质量比	水灰比	砂率（%）
湿喷法	1.0∶(3.5～4.0)	0.42～0.5	50～60

根据现场情况配合比调整为：

①水泥∶石子∶泥灰岩＝1∶2∶1.5；

②水泥∶水＝1∶0.9；

③水玻璃掺量为水泥掺量的2%。

混合料的强度等级28 d的强度必须大于6 MPa。

（2）喷射前必须清除喷面上的岩粉、岩渣和其他杂物（见图6-3）。

图 6-3　清理坡面

(3)用高压风清扫受喷面后喷快速防护材料(见图 6-4)。

图 6-4　喷快速防护材料

(4)埋设控制喷射混合料厚度的标志,喷护厚度为 3 cm。

6.1.4　施工要点

喷护前一定要清理坡面杂物,并用高压风清扫受喷面,以便喷护材料与基岩紧密结合。喷护过程中应使其厚度均匀,防止薄厚不均造成局部坡面强度低、易开裂。拌好的混合料应在 20 min 之内使用完毕,防止喷护料在空压机、管道内凝固,堵塞损坏施工机械。

6.1.5　施工质量控制标准

喷护快速防护材料处理措施施工应重点控制原材料、喷护混合材料配置工艺、喷护工艺三个环节。其中,原材料应严格按照有关材料技术指标进行控制;

混合料应严格按照配合比进行配置,必须拌和均匀,运输过程中防止雨淋、滴水和石块等杂物混入。全部用水量一次与水泥、砾石、泥灰岩拌和均匀。喷射时,混合料不得出现“离析”和“脉冲”现象。

6.2 植喷处理措施施工

在处理后的坡面上进行植喷,厚度为5 cm,植被不仅可以防止雨水冲刷渠坡,而且根系能改变表土的水分状况、限制表土裂缝、减少地表水渗入,从而减少了滑坡诱发因素,也起到了坡面绿化的景观效果。该处理措施用于1级马道以上非过水断面膨胀岩渠段。6区左侧植喷坡面见图6-5。

图6-5　6区左侧植喷坡面

6.2.1　施工材料及技术指标

(1)草籽:选择适应北方气候生长的品种,草种类型为高羊茅、紫羊茅和野牛草等。要求种子纯度在90%以上,发芽率在80%以上。

(2)回填土质:选用适应草籽生长的耕植土,要求质地疏松、排水良好、富含养分。

6.2.2　施工机具

施工机具有搅拌机、空压机等。

6.2.3　施工工序

(1)先将草籽和耕植土进行拌和(见图6-6)。

(2)在有处理措施的坡面上直接喷5 cm带草籽的腐殖土。没有处理措施的原岩面,先喷 5 cm 耕植土,再喷 5 cm 带草籽的腐殖土(见图 6-7)。

图 6-6　草籽拌和

图 6-7　植喷

6.2.4　施工要点

喷护过程中应使其厚度均匀、拌和料含水量适中。含水量太高易形成泥状,喷护后胶结成块不利于草种发芽;含水量太低,拌和料又不易与处理层黏结。植喷时间选在适宜草种发芽生长的季节。植喷完成后要及时进行洒水养护。

6.2.5　施工质量控制标准

植喷处理措施施工应重点控制原材料、拌和工艺、喷护工艺三个环节。其中,原材料及草种应严格按照有关材料技术指标进行控制;草籽和耕植土的拌和必须满足出草率的要求,喷护应均匀。

为了保证试验期间草籽、草皮成活率,施工完成后至草籽成活期间应每天浇水 2 ~ 3 次,草籽长出后应定期洒水养护管理,遇雨水冲刷、太阳暴晒,坏死的草皮应及时采取人工补植。

6.3 砌石联拱+植草处理措施

坡面砌石联拱作为压重防止膨胀边坡隆起失稳,植草防护可防止雨水直接冲刷坡面形成坡面裂隙,也起到坡面绿化的景观效果。该处理措施用于1级马道以上非过水断面膨胀岩处理渠段。

砌石联拱单拱半径为1.5 m,沿坡面方向长为3.5 m,砌石联拱基槽宽度为30 cm,开挖深度为30 cm。为了方便下渠,在试验区中部设置台阶。砌石联拱+植草处理措施布置见图6-8。

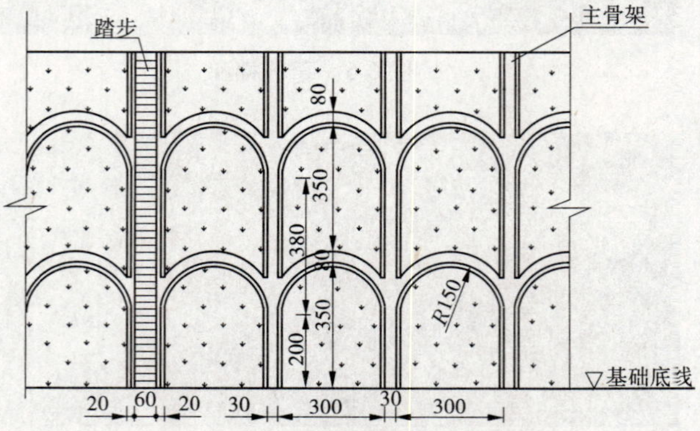

图6-8 砌石联拱+植草处理措施布置 (单位:cm)

6.3.1 施工材料及技术指标

砌石联拱+植草处理方案的施工主要材料有砌石、砂、水泥、耕植土及草种等。

6.3.1.1 砌石

砌石体的石料应采自规定批准的料场,要求砌石料质坚实新鲜,无风化剥落层或裂纹,石材表面无污垢、水锈等杂质,用于表面的石材应色泽均匀。石料的物理力学指标应符合设计要求。

砌石体为毛石砌体,毛石应呈块状,中部厚度不应小于15.0 cm。规格小于要求的毛石(又称片石),可以用于塞缝,但其用量不得超过该处砌体重量的10%。

6.3.1.2 砂

砂浆采用的砂料,要求粒径范围为0.15~5 mm。

6.3.1.3 水泥

采用普通硅酸盐水泥(P. O. 42.5)。到货的水泥应按品种、强度等级、出厂日期分别堆存,禁止使用受潮湿结块的水泥。

6.3.1.4 **胶凝材料(用于砌筑工程的水泥砂浆)**

拌和 M7.5 水泥砂浆。

胶凝材料的配合比必须满足施工图纸规定的强度和施工和易性要求,配合比必须预先进行试验确定。拌和过程中应严格按试验确定的配料单进行配料,严禁擅自更改,配料的称量允许误差应符合下列规定:水泥:±2%;砂:±3%;水:±1%。

胶凝材料拌和过程中应保持细骨料含水量的稳定性,根据骨料含水量的变化情况,随时调整水量,以保证水灰比的准确性。

胶凝材料拌和时间:机械拌和不少于 2~3 min,一般不应采用人工拌和。局部少量的人工拌和料至少干拌 3 遍,再湿拌至色泽均匀,方可使用。

胶凝材料应随拌随用。胶凝材料的允许间歇时间应通过试验确定,或参照表 6-2 选定。在运输或储存过程中发生离析、析水的砂浆,砌筑前应重新拌和,已初凝的胶凝材料不得使用。

表 6-2 胶凝材料的允许间歇时间

砌筑时气温(℃)	允许间歇时间(min)	
	普通硅酸盐水泥	矿渣硅酸盐水泥及火山灰质硅酸盐水泥
20~30	90	120
10~20	135	180
5~10	195	—

6.3.1.5 **耕植土及草种**

砌石联拱内选用无膨胀性、利于植物生长的根植土,草皮绿化选择当地易于生长的、耐旱性的草种。

6.3.2 施工机具

施工机具有装载机、拌和机等。

6.3.3 施工工序

浆砌石砌筑工程施工工序为:定点放线→开挖基槽→清理基槽工作面→选用合格石料→砂浆拌和→砂浆运输→浆砌石砌筑。

6.3.3.1 **定点放线**

按照施工图要求在边坡上放出砌石联拱基槽的边线(见图 6-9)。

6.3.3.2 **开挖基槽**

按照施工图要求,在边坡上开挖砌石联拱基槽。砌石联拱基槽宽度为平行

图6-9　定点放线、开挖基槽

于边坡表面方向30 cm,开挖深度为垂直边坡表面下挖30 cm。

6.3.3.3　**清基**

砌石联拱基槽开挖后及时清除基槽内浮土,保证基槽清洁、干燥。

6.3.3.4　**砂浆拌和和运输**

拌和砂浆并及时运送到砌石联拱施工现场。

6.3.3.5　**砌石联拱砌筑**

(1)砌筑前,应在砌体外将石料上的泥垢冲洗干净,砌筑时保持砌石表面湿润。

(2)砌石体应采用铺浆法砌筑,砂浆稠度应为30.0~50.0 mm,当气温变化时,应适当调整。随铺浆随砌石,砌缝需用砂浆填充饱满,不得无浆直按贴靠,砌缝内砂浆应采用扁铁插捣密实;严禁先堆砌石块再用砂浆灌缝(见图6-10和图6-11)。

(3)砌石体尺寸和位置的允许偏差,不应超过《砌体工程施工质量验收规范》(GB 50203—2002)的规定。

(4)毛石砌筑应分批卧砌,并应上下错缝、内外搭砌,不得采用外面侧立石块、中间填心的砌筑方法。砌体外露面应平整美观,外露面上的砌缝应预留约4.0 cm深的空隙,以备勾缝处理;水平缝宽应不大于2.5 cm,竖缝宽应不大于4 cm。

(5)毛石砌体的灰缝厚度应为20~30 mm,砂浆应饱满,石块间较大的空隙应先填塞砂浆,后用碎块或片石嵌实,不得先摆碎石块后填砂浆或干填碎石块的施工方法,石块间不应相互接触。

(6)砌筑因故停顿,砂浆已超过初凝时间,应待砂浆强度达到2.5 MPa后才可继续施工;在继续砌筑前,应将原砌体表面的浮渣清除;砌筑时应避免振动下

图 6-10　砌石直墙段砌筑

图 6-11　砌石拱砌筑

层砌体。

(7)砌石联拱用 M10 水泥砂浆沟缝找平。勾缝前必须清缝,用水冲净并保持缝槽内湿润,砂浆应分次向缝内填塞密实;勾缝砂浆强度等级应高于砌体砂浆;应按实有砌缝勾平缝,严禁勾假缝、凸缝;砌筑完毕后应保持砌体表面湿润,做好养护。

(8)砂浆配合比、工作性能等,应按设计强度等级通过试验确定,施工中应在砌筑现场随机制取试件。

6.3.3.6　换填耕植土并埋设草种

待砌石联拱达到一定强度要求后,挖除砌石联拱所包围部分的膨胀岩,厚度为垂直边坡表面向下 10 cm。

6.3.4　施工要点

该方案施工工艺复杂、施工速度慢。首先在边坡上放出砌石联拱基槽的边线,人工开挖,清理基槽,验收合格后采用人工铺浆法砌筑石拱,分批卧砌,上下错缝,内外搭砌,随铺浆随砌石,砌筑完毕后用 M10 水泥砂浆勾缝找平,然后立模浇筑 C15 混凝土拱圈。混凝土达到一定强度要求后挖出拱内边坡表面以下 10 cm 泥灰岩,换填耕植土并植草种(见图 6-12 ~ 图 6-14)。

图 6-12　混凝土拱圈砌筑

图 6-13　砌石联拱砌筑完成,部分坡面养护中

6.3.5　施工控制标准

6.3.5.1　原材料控制

砌石体的石料均采自规定批准的料场,石料的物理力学指标符合设计要求。砌石体为毛石砌体,毛石呈块状,中部厚度不小于 15.0 cm。砂浆采用的砂料,要求粒径为 0.15 ~ 5 mm,砌筑毛石砂浆的砂,其最大粒径不大于 5 mm。水泥采用普通硅酸盐水泥(P. O. 42. 5)。用于砌筑工程的水泥砂浆拌和 M7. 5 水泥

图 6-14 清理拱内坡面回填耕植土并植草

砂浆。

6.3.5.2 **施工过程控制**

施工过程中重点控制水泥砂浆的均匀性、抗压强度,以及浆砌料石砌筑面的平整度和勾缝质量、石块嵌挤的紧密度、缝隙砂浆的饱满度等的外观质量。料石的尺寸和位置的允许偏差满足规范要求。

6.3.6 施工质量检测方法

6.3.6.1 **水泥砂浆的质量检测**

(1)水泥砂浆的均匀性检测:定期在拌和机口出料时间的始末各取一个试样,测定其湿容重,其前后差值每立方米不得大于35.0 kg。

(2)水泥砂浆的抗压强度检查:同一验收批砂浆试块抗压强度平均值必须大于等于设计强度等级所对应的立方体抗压强度;砂浆强度应以标准养护、龄期为28 d的试块抗压试验结果为准;同一强度等级的砂浆试件的数量,28 d龄期的每200.0 m^3 砌体取成型试件一组3个;当同一验收批只有一组试块时,该组试块抗压强度的平均值必须大于等于设计强度等级所对应的立方体抗压强度。

6.3.6.2 **浆砌料石质量检查**

(1)外观检查:砌体砌筑面的平整度和勾缝质量、石块嵌挤的紧密度、缝隙砂浆的饱满度等的外观质量检查。

(2)料石的尺寸和位置的允许偏差检查:其检查方法按《砌体工程施工质量验收规范》(GB 50203—2002)执行;抽检数量:同一产地的石材至少应抽检一组。

6.4 六棱体混凝土框格+植草处理措施

六棱体混凝土框格起到保护坡面耕植土不被雨水冲走的作用,框格内植被可以防止雨水直接冲刷渠坡,而且根系能改变表土的水分状况,限制表土裂缝,减少地表水渗入,从而减少了滑坡诱发因素,也起到坡面绿化的景观效果。六棱体混凝土框格+植草处理措施用于1级马道以上非过水断面膨胀岩渠段。

C15混凝土六棱体框格厚10 cm,具体形式尺寸见图6-15所示。

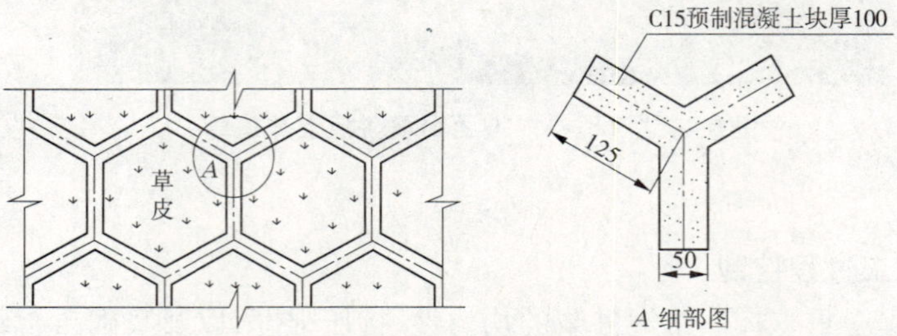

图6-15　六棱体混凝土框格布置　(单位:mm)

6.4.1　施工材料及技术指标

施工材料选用C15预制混凝土六棱体框格(见图6-16)、耕植土及草种等。

图6-16　六棱体混凝土块预制

框格内选用无膨胀性、利于植物生长的耕植土,草皮绿化选择当地易于生长的、耐旱性的草种。

6.4.2　施工机具

施工机具有搅拌机、Y 型模具。混凝土框格为 Y 型，预制时采用定型塑料模具，拌和机拌和，振动台成型，人工脱模。

6.4.3　施工流程

(1)将坡面开挖至设计坡面，清除坡面杂质及浮土。

(2)定点放样，铺设预制混凝土框格(见图 6-17)。

(3)将耕植土均匀铺在六棱体框格内，要求铺土厚度低于框格 1 cm。

(4)在铺好土的坡面上人工播撒草种(见图 6-18)，并洒水。

图 6-17　混凝土框格铺设

图 6-18　框格内铺耕植土，正在进行草籽播种

6.4.4 施工要点

坡面清理平整后进行框格安装，挂线控制平整度，安装完毕后在框格内铺填带草籽的耕植土，及时洒水养护。

该方案施工工艺简单、施工速度快，但框格铺好后，向框格内铺耕植土时，人在坡面上行走会造成铺设好的框格变形，须再次整形。

植草的时间：应选择适宜作物生长的春末夏初进行植草，雨水充足、气候适宜，若太晚，则气温下降，不利于草种的生长。

后期养护：植草完成后，应在坡面覆盖土工布，既可以防止雨水直接冲刷坡面，又可以保墒、防止太阳暴晒。施工完成后至草籽成活期间应每天浇水 2 ~ 3 次。

6.4.5 施工质量控制标准

预制混凝土框格应严格按照《水工混凝土配合比设计规程》(DL/T 5330—2005)执行，外形尺寸应满足设计图纸要求。框格内铺填耕植土平整度误差要求不超过 1 cm。

为了保证试验期间草籽、草皮成活率，施工完成后至草籽成活期间应每天洒水 2 ~ 3 次，草籽长出后应定期洒水养护管理。遇雨水冲刷、太阳暴晒后坏死的草皮，应及时采取人工补植。

6.5 实践总结

6.5.1 土工膜 + 水泥砂浆防护措施

(1)复合土工膜的铺设不宜过紧，不得打皱，但在整体坡面铺设时，施工面积大，不易铺设平整，局部有隆起。当进行下一步处理措施如喷护水泥砂浆，由于喷护砂浆厚度薄、自重轻，很难对土工膜有压重，局部隆起部位有空腔现象，如图 6-19 和图 6-20 所示。

(2)膜的接缝处理直接影响防渗效果，施工中采用热熔双缝焊接，用充气法对拼接处进行密封性检测，方法简单，在大面积实施过程中接缝质量不容易控制且检测工作量大。

(3)复合土工膜 + 喷护水泥砂浆处理措施，除上述由于复合土工膜打折，局部隆起现象外，坡面上还出现垂直水流方向的裂缝(见图 6-21)，经分析，产生的原因可能有：①1 cm 砂浆太薄，均匀性不好、强度低引起的拉裂缝；②没有设置结构上的构造缝。

图 6-19　坡面土工膜局部隆起引起砂浆裂缝

图 6-20　土工膜隆起局部近照

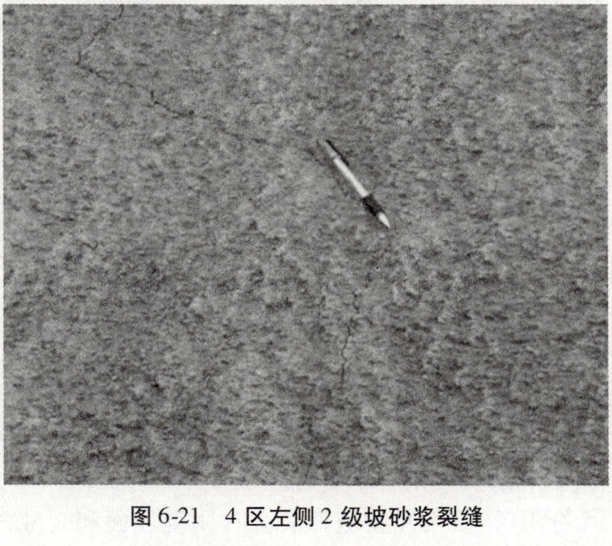

图 6-21　4 区左侧 2 级坡砂浆裂缝

6.5.2 喷护防护材料措施

喷护保护材料处理措施在本试验段有以下3种不同的方案。

6.5.2.1 植喷

采用耕植土拌和美国黑麦草草籽，在有处理措施的坡面上喷护厚度5 cm；在没有处理措施的坡面上先喷5 cm厚耕植土，再喷5 cm厚带草种的腐殖土，喷护后及时洒水养护。

该方案施工优点是施工工艺简单、施工速度快，缺点是植喷后草籽出芽率低，不易成活（见图6-22）。经分析，产生的原因可能有：①植喷厚度为10 cm，土层太薄，土质肥力不够，不易成长，一般农作物耕植土为10～25 cm；②植喷后作业面形成泥状，草籽不易发芽，出芽率低；③当地气候不适宜草种生长，草种发芽后不能迅速生长形成有效植被；④植喷用的腐殖土里带有当地的野生杂草，野生杂草更适宜当地气候，生长比植喷用的草种更快，造成野草吃掉植草养分的情况。

图6-22　3区左侧2级坡植喷一周后出草率图片

2008年9月初植喷一个月后，远观该坡面几乎无植被，近观坡面植被分布不均匀，有植被处草株高度仅5 cm左右，叶片单薄。坡面裸露情况见图6-23和图6-24所示。

6.5.2.2 喷护水泥砂浆

该方案的优点是施工工艺简单、施工速度快，缺点是砂浆与基础面（泥灰岩）无法很好结合。其主要原因是喷砂浆时泥灰岩表面往往有浮土（灰），加之砂浆很薄，喷射不均匀、表面有空洞。雨水渗入后顺边坡而下将砂浆与泥灰岩之间淘空导致破坏，影响防护效果且不美观。

2008年7月份雨后，砂浆喷护坡面有大片阴湿坡面和裂隙，表明该处有渗水发生，如图6-25所示。

图 6-23　植喷一个月后坡面

图 6-24　植喷一个月后局部坡面

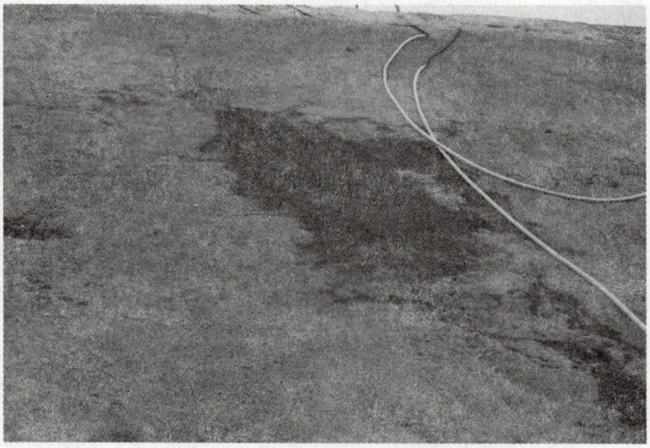

图 6-25　试验 3 区右侧喷护砂浆坡面

图 6-26 所呈现的是 2008 年 7 月份雨后，砂浆喷护坡面底部由于强度不够，渗水后坡面出现破碎剥离的现象。

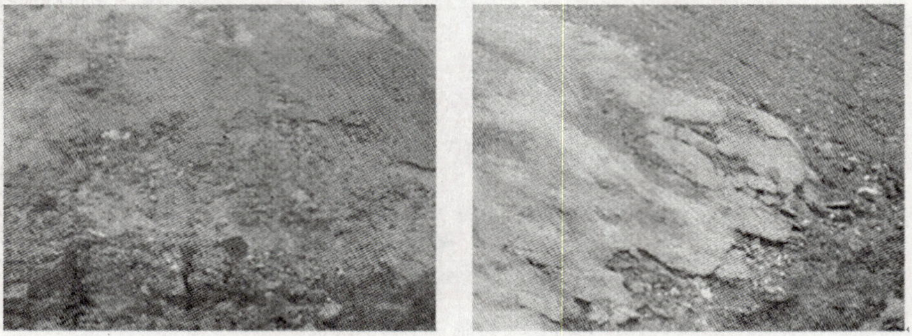

图 6-26　试验 3 区右侧喷护砂浆坡面雨后坡脚处

6.5.2.3　喷护快速防护材料

该方案的优点是施工速度快、防护效果好，缺点是施工工艺复杂、费用高。泥灰岩筛分过程复杂，有碾压—筛分—翻晒—碾压—筛分。钾水玻璃加入后，必须在 20 min 内将混合料喷护完毕，否则钾水玻璃初凝后堵塞管道，损坏机器。喷护快速防护材料的坡面见图 6-27。

图 6-27　8 区右侧喷护快速防护材料坡面

6.5.3　混凝土框格植草措施

混凝土框格为 Y 型，预制采用定型塑料模具，拌和机拌和，振动台成型，人工脱模。坡面清理平整后进行框格安装，挂线控制平整度，安装完毕后在框格内铺填带草籽的耕植土，并及时洒水养护。

该方案施工工艺简单、施工速度快，但框格铺好后，向框格内铺耕植土时，人在坡面上行走会造成铺设好的框格变形，需要再次整形，重复工作。坡面边线处应进行封边，否则铺设在坡面上的混凝土框格容易走形，影响整体美观，如

图6-28和图6-29所示。

图6-28　周边框格走形

图6-29　封边后的框格植草坡面

试验7区植草时间为8月上旬，发芽率高，出草均匀，10月下旬植被覆盖率达到设计要求，但草株偏矮，叶子不够肥厚。分析其原因主要有：①植草时间晚；②耕植土层薄，养分不足。

6.5.4　砌石拱防护措施

该方案施工工艺复杂、施工速度慢，另外，拱内汇流面积相对框格要大，当坡面植被没有形成有效覆盖层时，拱内填土易被雨水冲刷，影响拱内草种的生长，植被覆盖率不太好（见图6-30）。但浆砌石自重可以抑制一部分膨胀变形，砌石联拱的拱间推力也可以抑制一部分膨胀变形，从控制浅层滑动上看，效果较好。首先在边坡上放出砌石联拱基槽的边线，人工开挖，清理基槽，验收合格后采用人工铺浆法砌筑石拱，采用料质坚实新鲜的毛石，中部厚度不小于15 cm，水泥砂浆强度等级采用M7.5，分批卧砌，上下错缝，内外搭砌，随铺浆随砌石，砌筑完毕后用 M10 水泥砂浆勾缝找平，然后立模浇筑 C15 混凝土拱圈。混凝土达到一定强度要求后挖出拱内边坡表面以下 10 cm 泥灰岩，换填耕植土并植草种。

当坡面植被没有形成有效覆盖层时，拱内填土易被雨水冲刷顺坡面流入纵向排水沟内，使纵向排水沟堵塞淤积（见图 6-31）。坡底拱内填土超出纵向排水沟的侧墙高度，受雨水冲刷更易流入纵向排水沟中。

图 6-30　6 区左侧砌石拱坡面

图 6-31　6 区左侧坡面纵向排水沟内淤积

6.5.5　施工难易对比

综合分析过水断面以上的防护措施，从施工工艺的难易程度上分析，植喷措施最简单，其次是喷水泥砂浆方案，再次是土工膜 + 水泥砂浆防护方案，最后是喷快速防护材料措施，混凝土框格植草措施及砌石拱防护措施。

从施工后的外观效果上看，混凝土框格植草方案和砌石拱方案既能起到防护作用，又能兼顾美观与周围环境相适应。

6.5.6 适用条件

坡面防护不同处理措施从施工工艺、质量控制标准、施工条件及工程管理、工程安全性及经济性能，以及处理效果的理论分析和计算等方面研究，总结各种处理措施的适用条件如下：

(1)1 级马道以上坡面应以防护为主，对雨水采取防、排措施，防止土体开裂。

(2)弱膨胀岩渠段坡比较缓(不陡于 1.75)，首选混凝土六棱体框格 + 植草方案。

(3)弱膨胀岩渠段坡比较陡，无地下水位渠段可采用喷护快速防护材料方案。

(4)弱 - 中等膨胀岩渠段，若就近有砌石料，可就地取材，采用砌石联拱 + 植草方案。

(5)中膨胀岩无地下水渠段，可采用土工格栅加开挖料反包 + 植喷方案。

(6)中膨胀岩有地下水渠段、中 - 强膨胀岩渠段或处理渠段较短，挖深较低，或建筑物进出口连接段坡面防护，适宜点状作业的可用土工袋装开挖料回填 + 编织袋装土植草方案。

(7)施工临时防护措施在深挖方段，喷护 1 cm 水泥砂浆保护层比预留保护层效果好。

第7章 渠坡处理效果理论分析

对试验段内采取的各种渠坡处理效果的理论分析与计算，主要从试验期间所测的实际变形数据和对典型试验区进行的有限元理论计算成果两方面进行。

7.1 理论计算

过水断面的处理措施主要有：试验2区土工格栅处理措施、试验3区换填黏性土处理措施、试验4区土工膜处理措施、试验5区土工袋处理措施。对其分别进行处理层施工前和施工后的计算，并分别采用极限平衡法和有限元法进行计算，既能按规范要求计算出边坡稳定的安全系数，又能得到边坡体的应力—应变关系，便于综合分析、正确判断。

7.1.1 计算方法

7.1.1.1 极限平衡法

极限平衡法力学模型简单，可以对边坡稳定性进行定量评价，尽管在膨胀岩渠坡稳定计算中存在一些不尽合理的假定，但作为目前多数行业规范的指定计算方法，该方法经历了长期工程实践的考验，一直被工程设计人员普遍接受和采用。

本次计算采用中国水利水电科学研究院编制的《土石坝边坡稳定分析程序》(STAB)进行边坡稳定分析计算。鉴于膨胀岩边坡的外观性状和强度介于岩－土之间，类似于呈碎裂散体结构的岩体，采用简化毕肖普法计算其安全系数。

7.1.1.2 有限元法

有限元法是以连续介质力学为基础的数值分析方法。它将分析域离散成有限个相联结的子域，然后在单元中采用低阶多项式插值，建立单元刚度矩阵，再利用能量变分原理集合形成总刚度矩阵，最后结合初始条件及边界条件进行求解。

有限元方法满足了静力许可、应变相容和应力应变之间的本构关系，并且可以不受边坡几何形状不规则和材料不均匀性的限制，同时有限元解还提供了应力、变形的全部信息，能够很好地利用土体应力应变之间非线性关系进行计算，不仅可以大致确定滑动面的位置，而且可以计算土坡的变形和应力分布场。

具体内容见“3.4.3　有限元法”。

7.1.2　计算参数

7.1.2.1　膨胀岩强度参数取值

膨胀岩强度指标的选取是个复杂的问题，目前关于膨胀岩渠坡破坏的观点主要有：

(1)风化层理论认为自地表向下强度随深度不同而变化，应分别取残余强度、残余强度与峰值强度的平均值及峰值强度。

(2)弹塑性分区理论认为剪切区滑段上取残余强度，其他段采用峰值强度。

(3)分期分带理论认为膨胀岩抗剪强度应考虑在地下水位上下采用不同的强度值、强度使用期限等。

综合上述，总体趋向于中、强膨胀土取残余强度或流变强度，弱膨胀土取峰值强度的小均值。《南水北调中线一期工程初步设计阶段总干渠工程地质勘察技术要求》中要求，在确定膨胀土抗剪强度时，建议采用现场大剪试验方法，条件不具备的单位，也可采用室内试验残余强度的大值与直剪试验的小值这一区间值作为建议值。南阳盆地的膨胀土研究中建议渠水位以上按极限强度折减、以下按残余强度取值。

本渠段分布的膨胀性黏土岩、泥灰岩属第三系软岩，物质组成、结构类型、胶结成岩程度差异较大，裂隙发育，其抗剪强度指标的室内试验结果受钻探、取样、制样、试验条件、试验方法等条件的限制，不能真实反应膨胀岩的实际强度指标，而大型现场抗剪强度试验受多种条件的限制，又做的不多。

因此，参数取值最终以现场试验成果和室内试验成果及同类工程经验进行取值。具体见表7-1。

表7-1　泥灰岩及黏土岩力学参数

岩性	计算参数		弹性模量(MPa)	泊松比
	黏聚力(kPa)	摩擦角(°)		
泥灰岩(胶结好)	100	23	800	0.35
泥灰岩(胶结差)(弱)	50	21	50	0.25
黏土岩(中)	12	17	35	0.3
黏土岩(弱)	22	19	35	0.3

7.1.2.2　**土工袋加固体强度参数取值**

土工袋对膨胀土边坡的作用效果主要体现在以下几方面：①加筋；②压坡；③排水。工程实践表明，浅层滑动是膨胀土边坡的主要问题之一，因此在对边坡进行稳定分析时，需要着重考虑浅层稳定问题。潞王坟试验段土二袋方案以泥灰岩作为装袋料，用土工袋作为加筋处理层铺填至坡面上。根据现场和室内试验情况，泥灰岩及土工袋的力学参数列于表7-2中。

表7-2　泥灰岩及土工袋处理层的力学参数

材料	弹性模量（MPa）	泊松比	黏聚力（kPa）	内摩擦角（°）	层间摩擦系数
袋内泥灰岩	—	0.3	27	28	—
土工袋结构体	100～140	0.3	200	28	1.2

7.1.2.3　**土工格栅加筋体参数取值**

土工格栅在处理层中的作用主要是约束膨胀岩的膨胀变形，提高处理层的整体强度，土工格栅处理层界面摩擦系数和土工格栅复合体的整体强度是主要的计算参数。

土工格栅的材料拉伸强度应根据膨胀岩的膨胀率、膨胀力的大小选取，以材料在相应膨胀变形条件下需要提供的约束力的大小，并考虑一定的安全储备作为选材的依据。考虑到处理层的长期变形，还应设定材料的蠕变强度参数作为设计指标。

土工格栅与岩土体的界面摩擦系数和土工格栅复合体的强度指标通过室内界面摩擦试验和大型三轴试验获取，计算参数见表7-3。

表7-3　土工格栅强度试验成果

岩性	计算参数		弹性模量（MPa）	泊松比
	黏聚力（kPa）	摩擦角（°）		
土工格栅＋回填泥灰岩	19.2	19	150	0.25

7.1.2.4　**改性土强度参数取值**

改性土强度参数按不同压实度下的室内直剪试验成果，依据不同的设计工况选取。水位以上取快剪值，水位以下取饱和快剪值，具体见表7-4。

7.1.2.5　**换填黏性土强度参数取值**

换填黏性土的强度指标按生塑土的强度指标结合设计工况进行取值。水位以上取自然快剪值，水位以下取饱和固结快剪值，具体见表7-5。

表 7-4　改性土直剪强度试验成果

土类	水泥掺量（%）	龄期（d）	压实度							
			95%				90%			
			饱和快剪		快剪		饱和快剪		快剪	
			C_{cq}（kPa）	φ_{cq}（°）	C_q（kPa）	φ_q（°）	C_{cq}（kPa）	φ_{cq}（°）	C_q（kPa）	φ_q（°）
弱膨胀改性土	4	14	95. 2	23. 1	122. 5	21. 3	77. 7	22. 7	107. 2	20. 0
中膨胀改性土	6	14	71. 5	24. 9	136. 1	23. 8	58. 6	23. 7	126. 5	22. 5
	8	14	139. 7	27. 8	199. 5	27. 1	109. 1	27. 1	196. 5	26. 0

表 7-5　回填黏性土物理力学成果

岩性	计算参数		弹性模量（MPa）	泊松比
	黏聚力（kPa）	摩擦角（°）		
回填黏性土	28	19	20	0. 3

7. 1. 3　计算成果

7. 1. 3. 1　试验 2 区土工格栅处理措施计算

1）极限平衡法计算成果

（1）处理前。

处理前计算成果图如图 7-1、图 7-2 所示。

（2）处理后。

处理后计算成果图如图 7-3、图 7-4 所示。

（3）极限平衡法成果分析。

将图 7-1 ~ 图 7-4 所得的计算结果整理成表 7-6。从图 7-1 ~ 图 7-4 和表 7-6 可以看出：土工格栅处理后与处理前相比，各种工况的安全系数均有提高，但提高的幅度不是很大，这说明土工格栅措施对提高边坡稳定性具有一定的作用。

2）有限元法计算成果

（1）处理前。

计算得到的 2 试验区处理前水平向位移云图、2 试验区处理前最大总应力云图、2 试验区处理前最大剪应力云图，分别如图 7-5 ~ 图 7-7 所示。

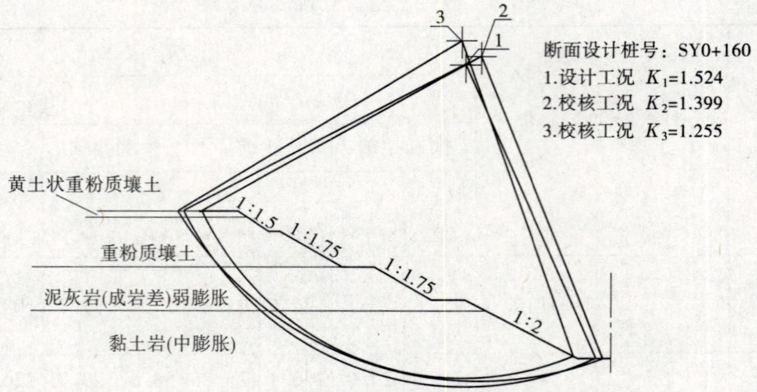

图 7-1　2 试验区左岸边坡稳定计算成果图

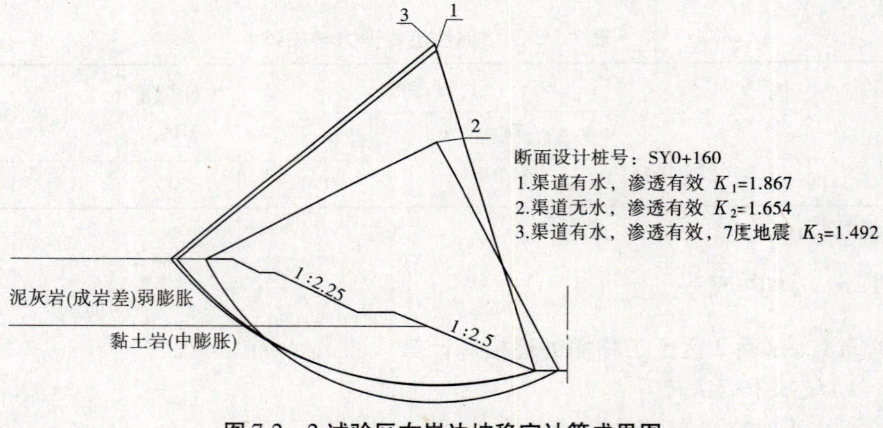

图 7-2　2 试验区右岸边坡稳定计算成果图

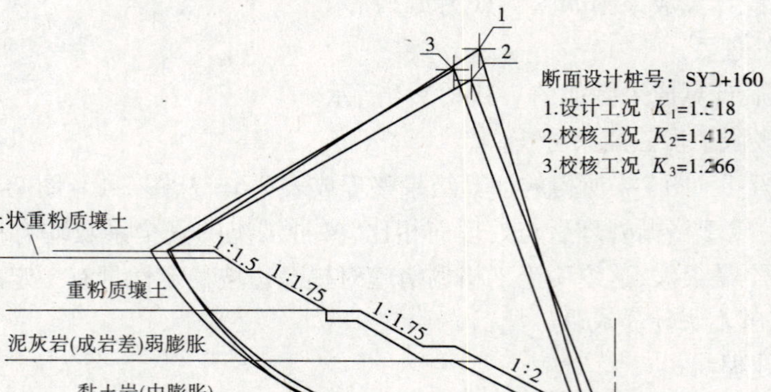

图 7-3　2 试验区左岸加试验方案边坡稳定计算成果图

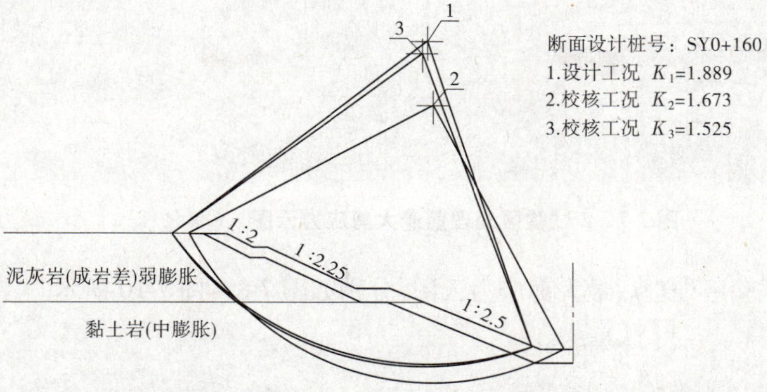

图 7-4　2 试验区右岸加试验方案边坡稳定计算成果图

表 7-6　2 试验区极限平衡法处理前后边坡计算成果

试验区	代表断面桩号	岸坡	处理前边坡计算成果			处理后边坡计算成果		
			设计工况 I	校核工况 I		设计工况 I	校核工况 I	
				I_1	I_2		I_1	I_2
2 区	SY0 + 160	左岸	1. 524	1. 399	1. 255	1. 527	1. 412	1. 266
		右岸	1. 867	1. 654	1. 492	1. 889	1. 673	1. 525

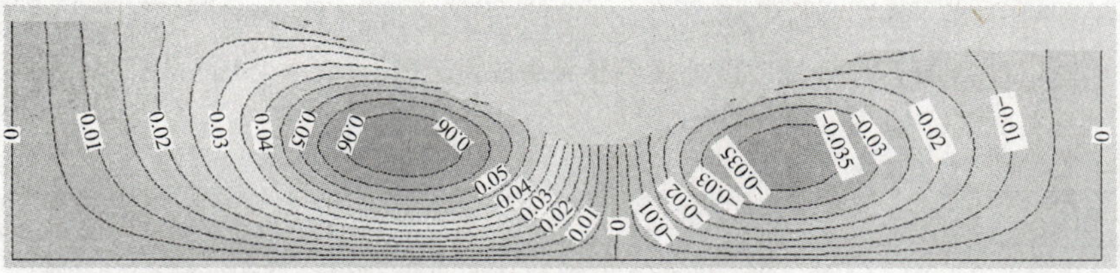

图 7-5　2 试验区处理前水平向位移云图　（单位：m）

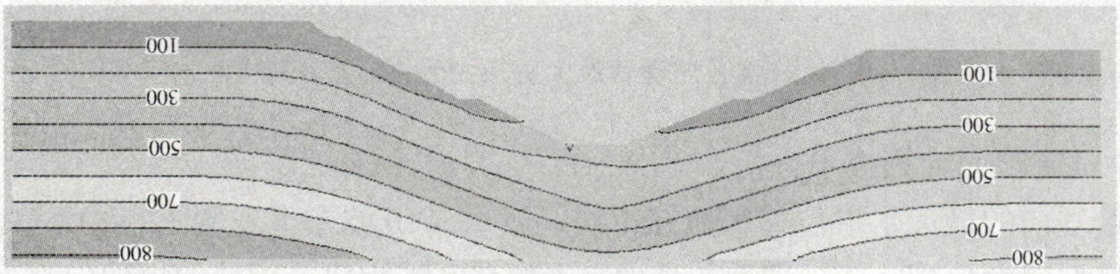

图 7-6　2 试验区处理前最大总应力云图　（单位：kPa）

(2)处理后。

计算得到的 2 试验区处理后水平向位移云图、2 试验区处理后最大总应力

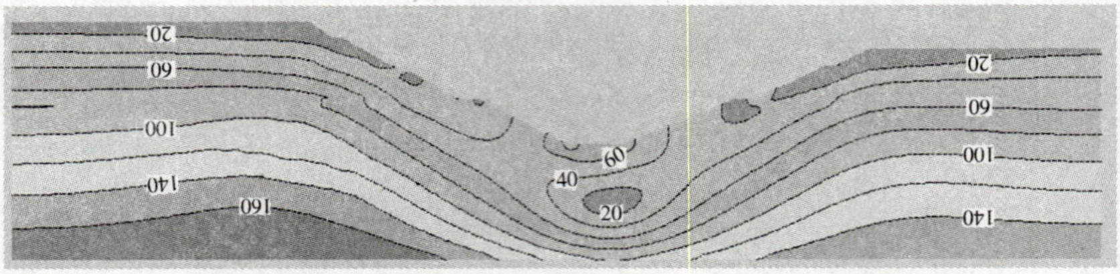

图 7-7　2 试验区处理前最大剪应力云图　（单位:kPa）

云图、2 试验区处理后最大剪应力云图,分别如图 7-8 ~ 图 7-10 所示。

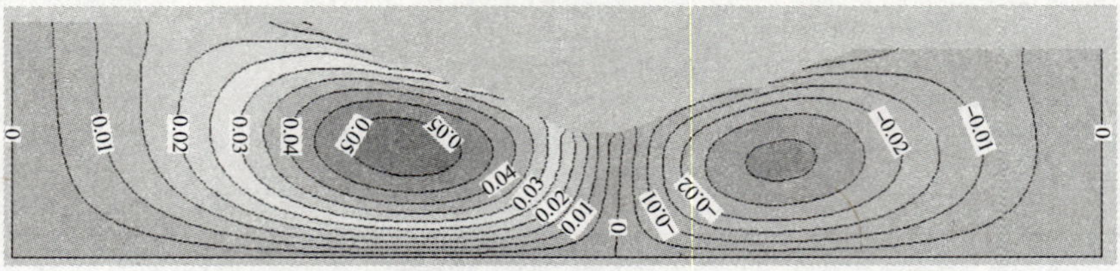

图 7-8　2 试验区处理后水平向位移云图　（单位:m）

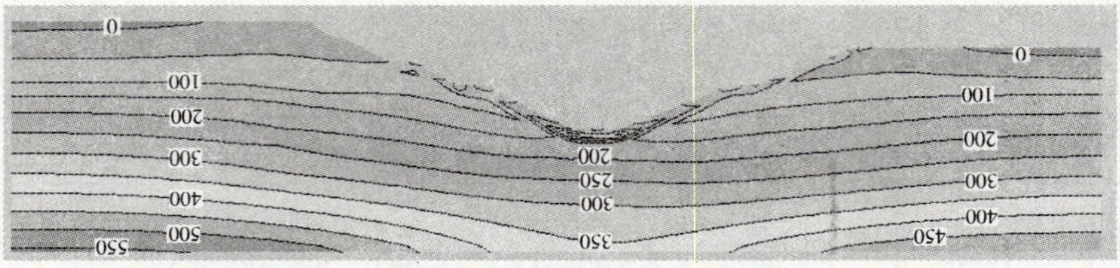

图 7-9　2 试验区处理后最大总应力云图　（单位:kPa）

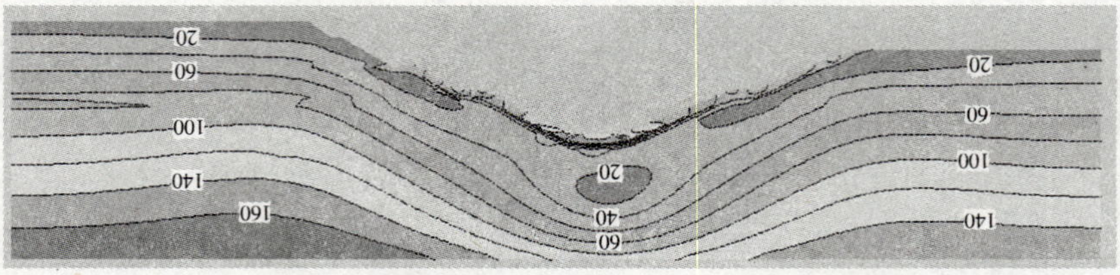

图 7-10　2 试验区处理后最大剪应力云图　（单位:kPa）

(3)有限元计算成果分析。

处理前的最大水平位移区域在 1 级马道和 2 级坡左下方附近(左岸),水平位移最大值为 6. 47 cm;处理后的最大水平位移区域相比处理前的更偏向渠外,水平位移最大值为 5. 35 cm。处理后的水平位移最大值比处理前的减小了 1. 12 cm,这说明土工格栅 + 开挖料回填措施在抑制水平变形方面具有比较好的效果。

处理前,坡脚和渠底附近的最大总应力值为 150 ~ 200 kPa,最大剪应力值为

60 ~ 80 kPa；处理后，坡脚和渠底附近的最大总应力值达到 350 kPa 左右，最大剪应力值增大到 140 kPa 左右。最大总应力等值线和最大剪应力等值线在处理层中（土工格栅层）分布相对密集，处理层中的应力值也明显大于周围土体的应力值，说明格栅处理层改变了坡体内的应力分布状态，发挥了压重和支挡作用。

7.1.3.2 试验 3 区换填黏性土处理措施计算

1）极限平衡法计算成果

（1）处理前。

处理前计算成果图如图 7-11、图 7-12 所示。

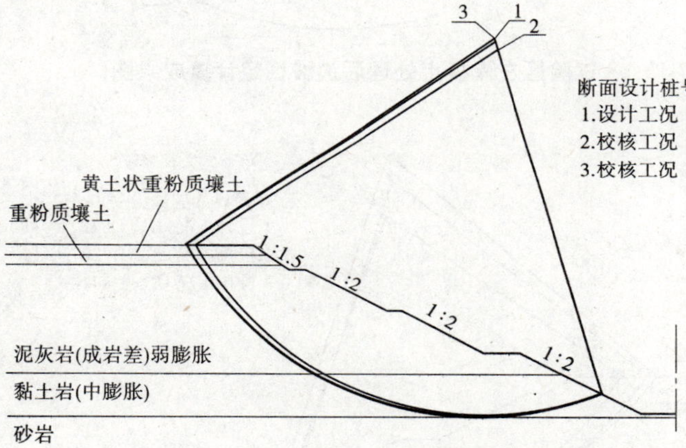

图 7-11　3 试验区左岸边坡稳定计算成果图

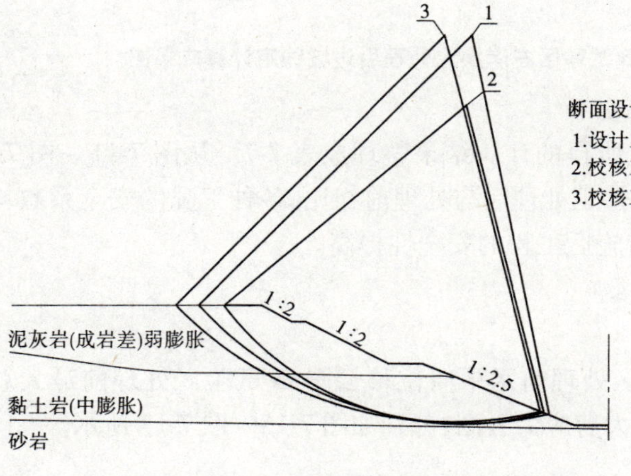

图 7-12　3 试验区右岸边坡稳定计算成果图

（2）处理后。

处理后计算成果图如图 7-13、图 7-14 所示。

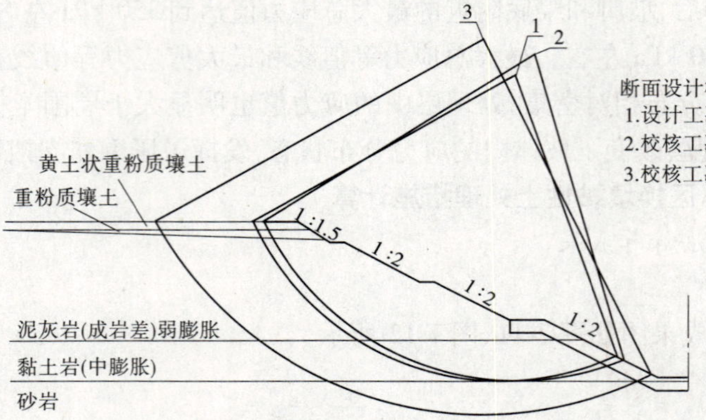

图 7-13　3 试验区左岸换土处理后边坡稳定计算成果图

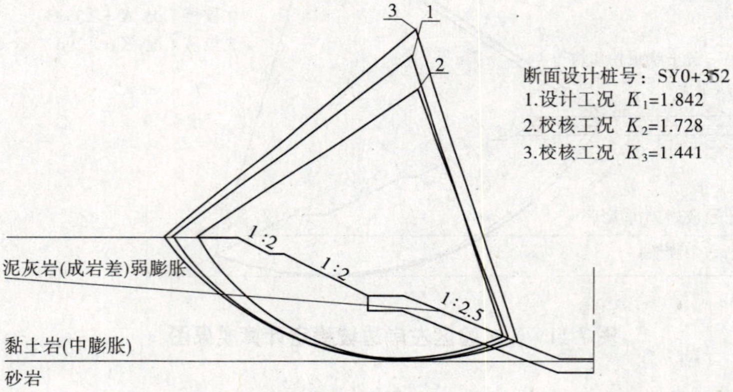

图 7-14　3 试验区右岸换土处理后边坡稳定计算成果图

(3)极限平衡法成果分析。

将图 7-11 ~ 图 7-14 所得的计算结果整理成表 7-7。从图 7-11 ~ 图 7-14 和表 7-7 可以看出：换填黏性土处理后与处理前相比，各种工况的安全系数均有提高，说明采取换土处理措施后工程的安全性提高。

2)有限元法计算成果

(1)处理前。

计算得到的 3 试验区处理前水平向位移云图、3 试验区处理前最大总应力云图、3 试验区处理前最大剪应力云图，分别如图 7-15 ~ 图 7-17 所示。

(2)处理后。

计算得到的 3 试验区处理后水平向位移云图、3 试验区处理后最大总应力云图、3 试验区处理后最大剪应力云图，分别如图 7-18 ~ 图 7-20 所示。

表 7-7　3 试验区极限平衡法处理前后边坡计算成果

试验区	代表断面桩号	岸坡	处理前边坡计算成果			处理后边坡计算成果		
			设计工况 *I*	校核工况 *I*		设计工况 *I*	校核工况 *I*	
				I_1	I_2		I_1	I_2
3 区	SY0 + 111	左岸	1.595	1.553	1.256	1.612	1.566	1.451
		右岸	1.791	1.675	1.397	1.842	1.728	1.441

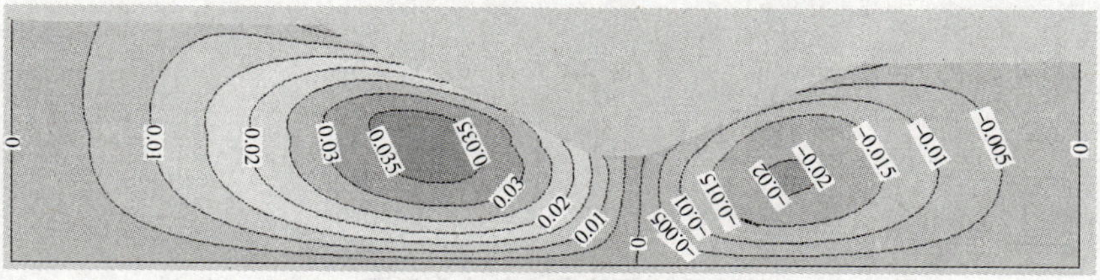

图 7-15　3 试验区处理前水平向位移云图　（单位：m）

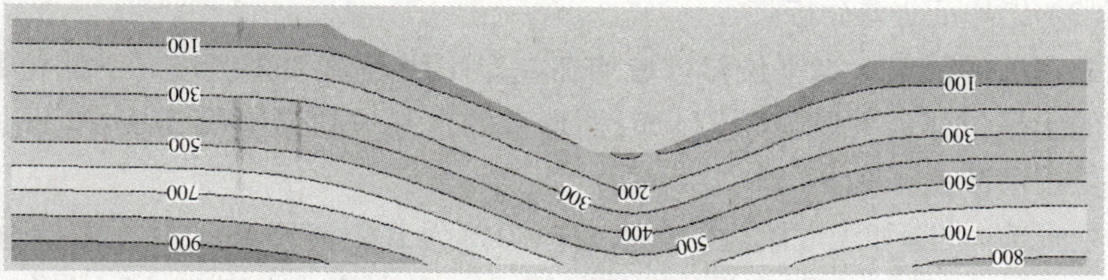

图 7-16　3 试验区处理前最大总应力云图　（单位：kPa）

图 7-17　3 试验区处理前最大剪应力云图　（单位：kPa）

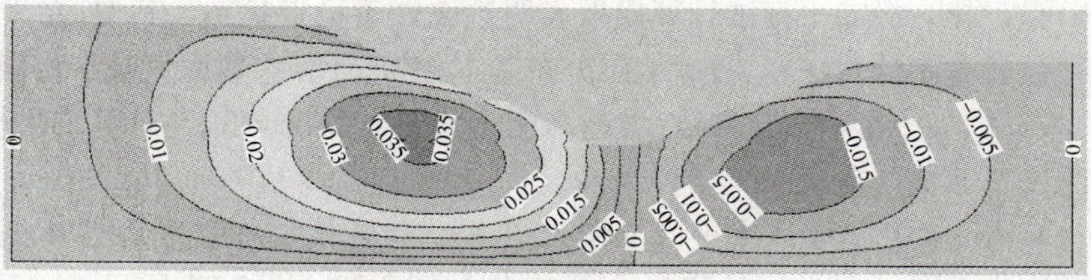

图 7-18　3 试验区处理后水平向位移云图　（单位：m）

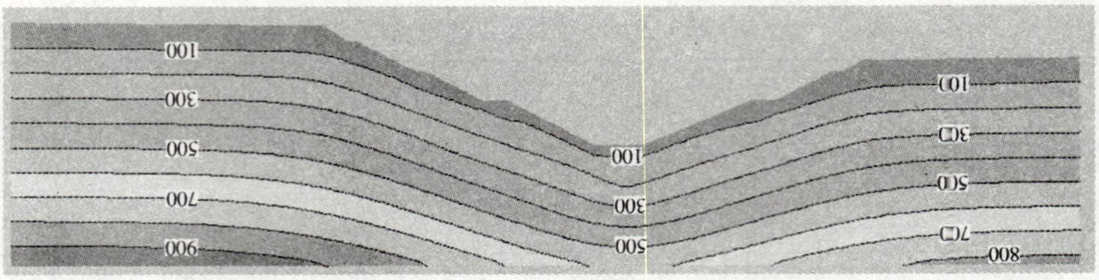

图 7-19　3 试验区处理后最大总应力云图　（单位:kPa）

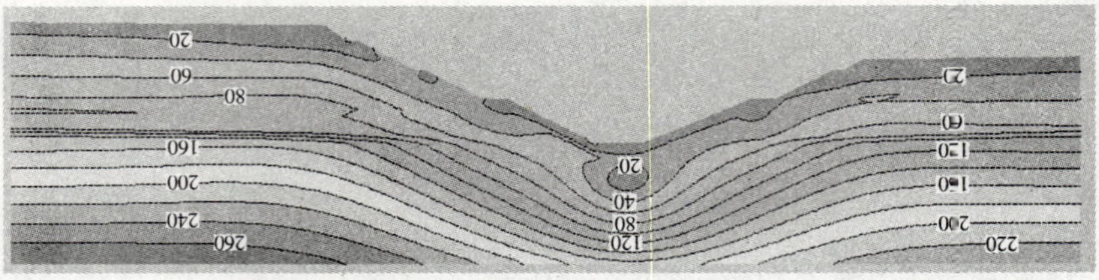

图 7-20　3 试验区处理后最大剪应力云图　（单位:kPa）

(3)有限元结果分析。

处理前后的最大水平位移区域均在左岸 1 级马道和 2 级坡左下侧位置，处理前的水平位移最大值为 3.71 cm；处理后的水平位移最大值为 3.64 cm，处理后比处理前减小了 0.07 cm。

处理前，坡脚和渠底附近的最大总应力值为 100 ~ 150 kPa，最大剪应力值为 40 ~ 60 kPa；处理后，坡脚和渠底附近的最大总应力值减小到 50 kPa 左右，最大剪应力值减小到 20 kPa 左右。

可以看出，黏性土处理措施在抑制水平变形方面的效果不是很明显，但在协调周围土体的应力分布方面具有一定的作用。

7.1.3.3　试验 4 区土工膜处理措施计算

1)极限平衡法计算成果

4 试验区边坡稳定计算成果图如图 7-21 和图 7-22 所示。

将图 7-21 和图 7-22 所得的计算结果列于表 7-8。从图 7-21 和图 7-22 及表 7-8可以看出：极限平衡法计算成果表明边坡处于稳定状态。其中，左岸边坡安全系数较右岸低。在左、右岸地层分布基本相似，计算参数取值基本相同的情况下，坡高的大小影响安全系数，坡越高相应的安全系数越低，与计算结果相符。

2)有限元法计算成果

计算得到的 4 试验区水平向位移云图、4 试验区最大总应力云图、4 试验区最大剪应力云图、4 试验区位移矢量图，分别如图 7-23 ~ 图 7-26 所示。

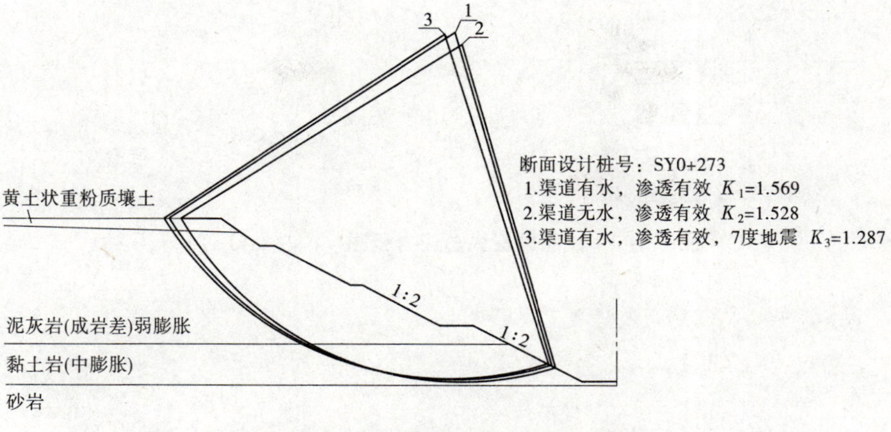

图 7-21　4 试验区左岸边坡稳定计算成果图

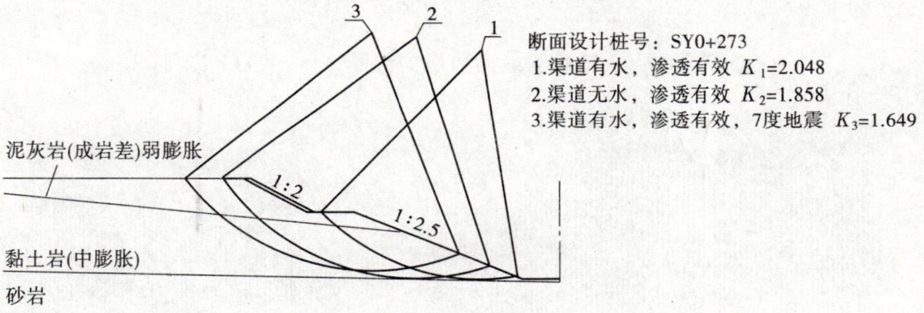

图 7-22　4 试验区右岸边坡稳定计算成果图

表 7-8　极限平衡法边坡稳定计算成果

试验区	代表断面桩号	岸坡	处理前边坡计算成果		
			设计工况 I	校核工况 I	
				I_1	I_2
4 区	SY0 + 273	左岸	1.569	1.528	1.287
		右岸	2.048	1.858	1.649

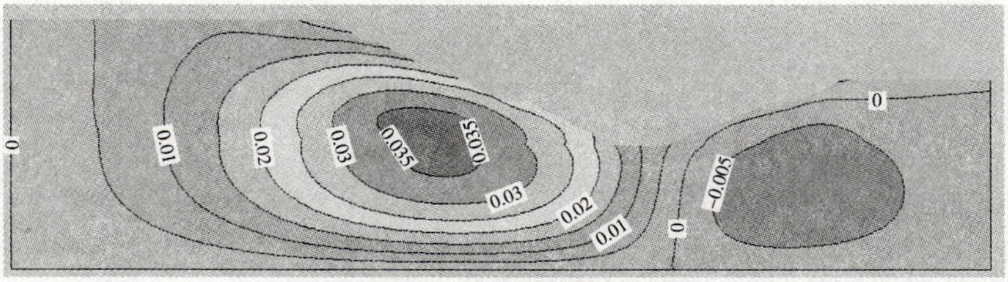

图 7-23　4 试验区水平向位移云图　（单位：m）

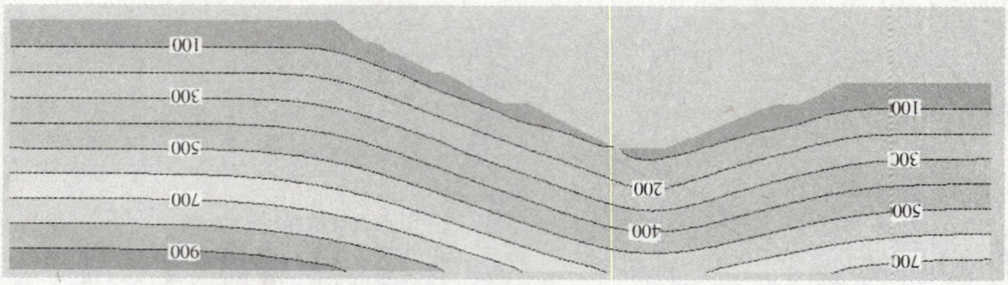

图 7-24　4 试验区最大总应力云图　（单位:kPa）

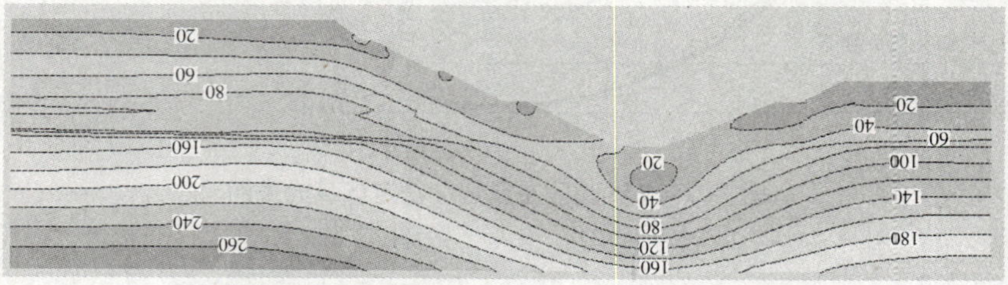

图 7-25　4 试验区最大剪应力云图　（单位:kPa）

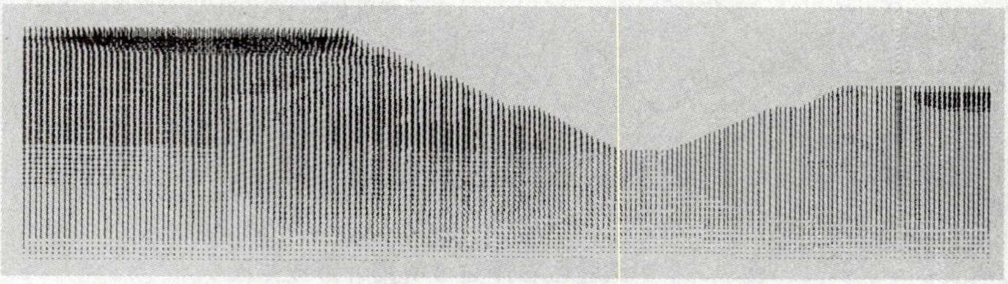

图 7-26　4 试验区位移矢量图

4 试验区左、右岸坡高相差比较大，最大水平位移出现在基本上与左岸 1 级马道齐平的左侧位置，水平位移最大值为 3.62 cm。最大剪应力云图（见图 7-25）上显示，坡脚及渠底附近的最大剪应力值在 40 kPa 左右。各点的位移矢量倾斜度陡于渠道边坡坡度，没有偏向渠道（迎水面）滑出的趋势，边坡处于稳定状态。

极限平衡法计算的安全系数和有限元法对位移和变形的计算基本能反映出左、右岸坡高的不同。

7.1.3.4　试验 5 区土工袋处理措施计算

1）极限平衡法计算成果

（1）处理前。

处理前计算成果图如图 7-27 和图 7-28 所示。

（2）处理后。

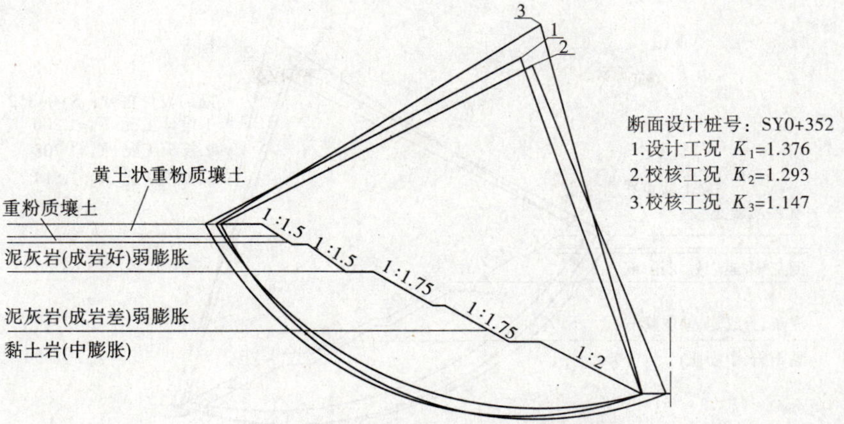

图 7-27　5 试验区左岸边坡稳定计算成果图

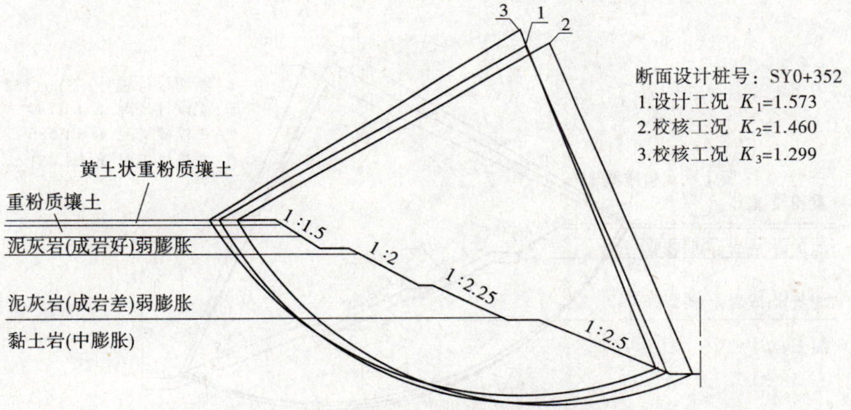

图 7-28　5 试验区右岸边坡稳定计算成果图

处理后计算成果图如图 7-29 和图 7-30 所示。

(3)极限平衡法计算成果分析。

将图 7-27 ~ 图 7-30 所得的计算结果列于表 7-9。从图 7-27 ~ 图 7-30 和表 7-9 可以看出:采用土工袋处理后与处理前相比,各工况的稳定安全系数均有大的提高。以左岸为例,设计工况 I 提高了 0.424,校核工况 I_1 提高了 0.415,校核工况 I_2 提高了 0.367。说明土工袋处理措施对提高边坡稳定性、增加工程安全度具有较好的效果。

2)有限元法计算成果

(1)处理前。

计算得到的 5 试验区处理前水平向位移云图、5 试验区处理前最大总应力云图、5 试验区处理前最大剪应力云图,分别如图 7-31 ~ 图 7-33 所示。

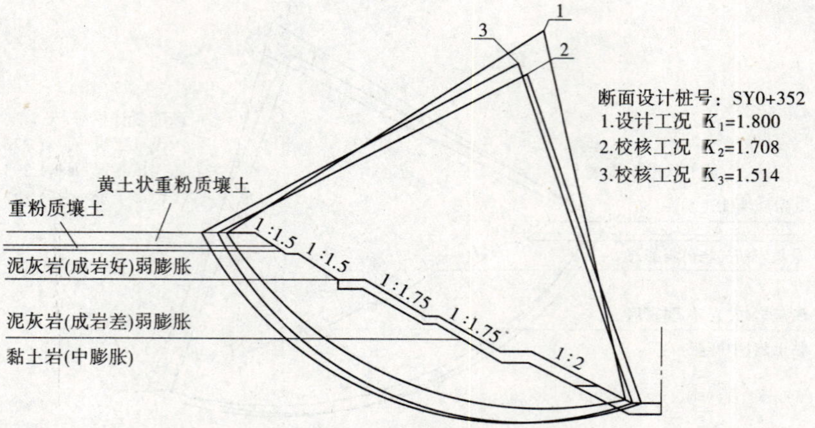

图 7-29　5 试验区左岸土工袋处理后边坡稳定计算成果图

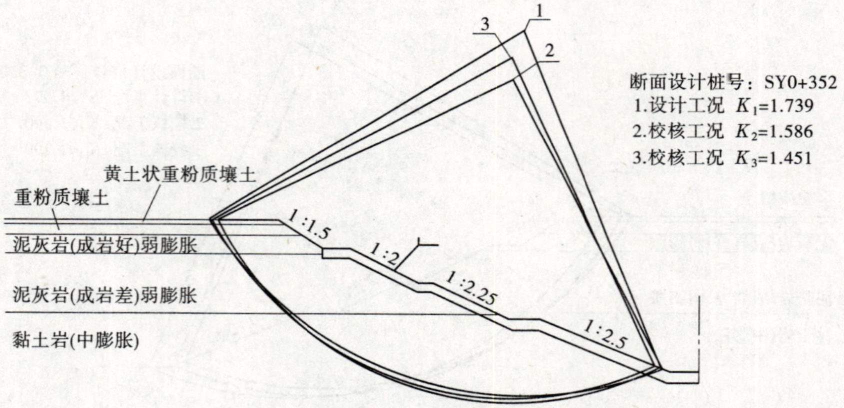

图 7-30　5 试验区右岸土工袋处理后边坡稳定计算成果图

表 7-9　极限平衡法边坡稳定计算成果

试验区	代表断面桩号	岸坡	处理前边坡计算成果			处理后边坡计算成果		
			设计工况 *I*	校核工况 *I*		设计工况 *I*	校核工况 *I*	
				I_1	I_2		I_1	I_2
5 区	SY0 + 113	左岸	1. 376	1. 293	1. 147	1. 8	1. 708	1. 514
		右岸	1. 573	1. 46	1. 299	1. 739	1. 586	1. 451

(2)处理后。

计算得到的 5 试验区处理后水平向位移云图、5 试验区处理后最大总应力云图、5 试验区处理后最大剪应力云图，分别如图 7-34 ~ 图 7-36 所示。

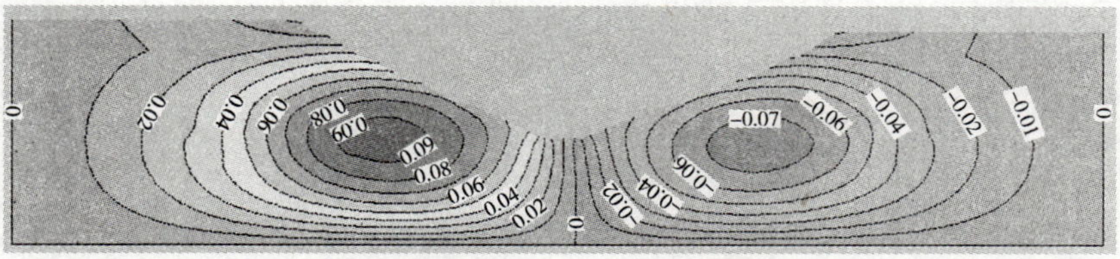

图 7-31　5 试验区处理前水平向位移云图　(单位:m)

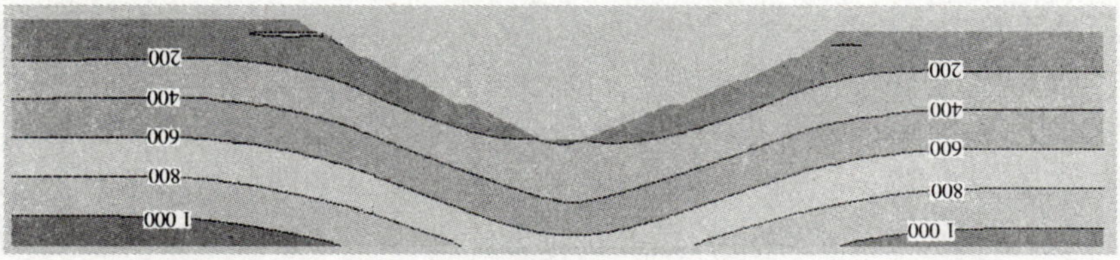

图 7-32　5 试验区处理前最大总应力云图　(单位:kPa)

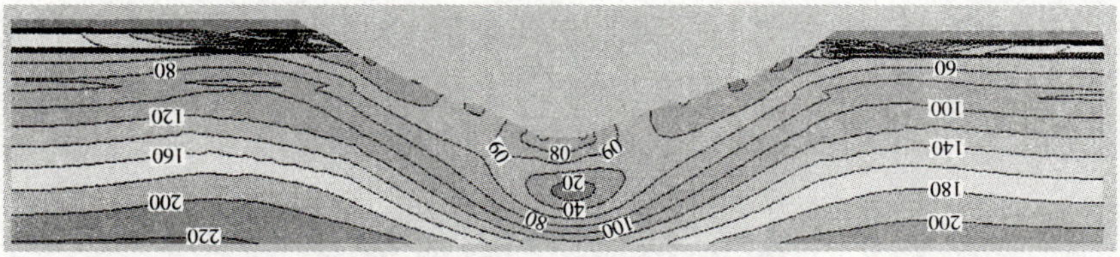

图 7-33　5 试验区处理前最大剪应力云图　(单位:kPa)

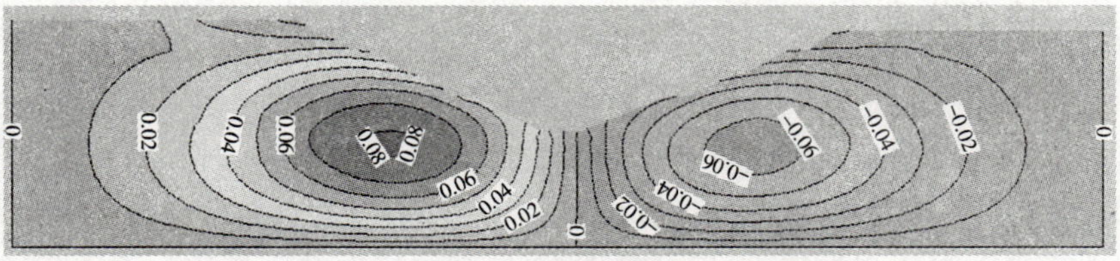

图 7-34　5 试验区处理后水平向位移云图　(单位:m)

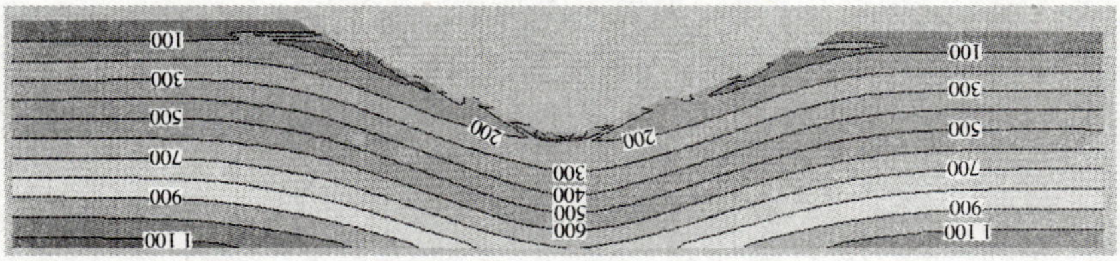

图 7-35　5 试验区处理后最大总应力云图　(单位:kPa)

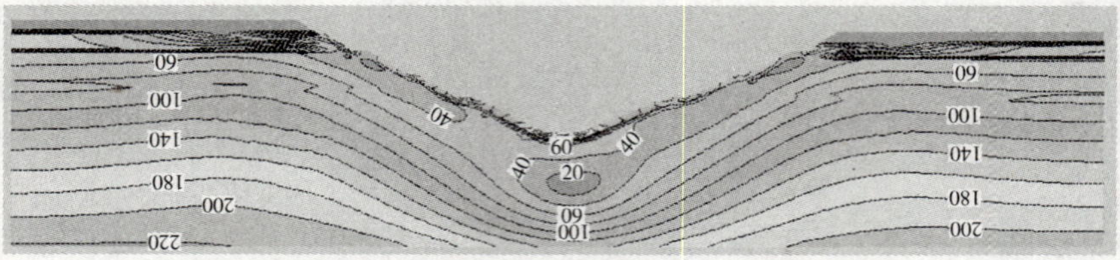

图 7-36　5 试验区处理后最大剪应力云图　（单位：kPa）

(3)有限元法计算成果分析。

处理前的最大水平位移区域在 1 级马道 2 级坡左下方附近(左岸)，水平位移最大值为 9.57 cm；处理后的最大水平位移区域相比处理前更偏向渠外，水平位移最大值为 8.22 cm。处理后的水平位移最大值比处理前减小了 1.35 cm。

处理前，坡脚和渠底附近的最大总应力值为 150～200 kPa，最大剪应力值为 60～80 kPa；处理后，坡脚和渠底附近的最大总应力值达为 450～550 kPa，最大剪应力值增大到 240 kPa 左右。

土工袋处理措施在抑制水平变形方面具有良好的效果，但处理层的应力值明显高于周围土体的应力值，产生这种情况的原因可能是土工袋和周围土体的参数差别比较大，同时没有考虑土工袋与周围土体之间的摩擦和咬合作用。

7.2　水平位移监测及成果分析

7.2.1　检测仪器布置

水平位移检测成果由长江水利委员会长江科学院根据《潞王坟试验段实施细则》，结合现场实际地质条件布置观测仪器测得。

试验区共布置测斜管 52 根(其中 4 根在渠坡开挖、处理层施工过程中已损坏)，实际可用观测测斜管 48 根。其中 18 根开口线布置测斜管在渠坡开挖前埋设完成，22 根测斜管在渠坡开挖过程中埋设，其余 12 根测斜管在渠坡开挖完成后埋设，各测斜管埋设基本情况如表 7-10 所示。

根据膨胀岩开挖过程中膨胀岩裂隙层，特别是优势裂隙面多倾向于渠内，渠坡水平位移方向倾向渠道中轴线，水平位移观测主要以顺坡向为主，以渠内变形(*A* 方向)为正。

7.2.2　典型试验区监测成果

试验段过水断面采取的措施主要有土工格栅方案、换填黏性土方案、封闭土工膜方案、土工袋方案。

表 7-10　1～8 试验区各测斜管埋设基本情况

试验区	桩位	测斜管编号	测斜管长度（m）	测斜管孔底高程（m）	渠坡开挖时间
1-1 试验区	SY0 + 075	Lcx1	20	92.01	2007 年 12 月 10～14 日
		Lcx2	12	92.05	
		Lcx3	7	92.05	
		Rcx1	17	88.5	
		Rcx2	12	91.5	
1-2 试验区	SY0 + 125	Lcx1	23	89.01	
		Lcx2	10	94	
		Lcx3	9	90	
		Rcx1	17	89	
		Rcx2	12	91.5	
2 试验区	SY0 + 178	Lcx1	19	95.5	2008 年 1 月 5 日至 2 月 24 日
		Lcx2	16	86	
		Rcx1	16	94.8	
		Rcx2	14	92	
		Rcx4	11	85	
		Rcx5 *	10	83	
3 试验区	SY0 + 238	Lcx1	20	97	2008 年 1 月 5 日至 3 月 10 日
		Lcx2 *	17	91	
		Rcx1	19	91.1	
		Rcx2 *	17	85	
4 试验区	SY0 + 298	Lcx1	17	105.9	
		Lcx2	21	93	
		Lcx3 *	11	91	
		Lcx4 *	10	89	
		Rcx1 *	10	102.5	
		Rcx2 *	15	87	

续表 7-10

试验区	桩位	测斜管编号	测斜管长度（m）	测斜管孔底高程（m）	渠坡开挖时间
5 试验区	SY0 +358	Lcx1	20	100.85	2008 年 3 月 26 日至 4 月 28 日
		Lcx2	18	94.01	
		Lcx3	9	91	
		Lcx4	9	89.2	
		Lcx5*	9	82	
		Rcx1	17	100.8	
		Rcx2	21	91	
		Rcx3	9	91	
6 试验区	SY0 +418	Lcx1	17	106	
		Lcx2	11	91	
		Rcx1	12	104.6	
		Rcx2	13	89	
7 试验区	SY0 +590	Lcx1	8	94	2008 年 1 月 20 日至 3 月 26 日
		Lcx2	17	91	
		Lcx3	7	95	
		Lcx4	10	87	
		Rcx1	19	94	
		Rcx2	8	94	
8 试验区	SY0 +650	Lcx1	18	102	
		Lcx2	24	84	
		Rcx1	16	99.2	
		Rcx2	16	86	

对变形监测的成果主要选取 2 试验区、3 试验区、4 试验区、5 试验区为代表进行分析。

7.2.2.1 2 试验区监测成果

2 试验区为土工格栅处理试验区，各时期最大变形量及相应深度如表 7-11 所示。

表 7-11　土工格栅试验区变形量监测成果

测斜管编号	岩性	累积变化		开挖期		施工期		施工后期	
		变化量(mm)	高程深度(m)	变化量(mm)	高程深度(m)	变化量(mm)	高程深度(m)	变化量(mm)	高程深度(m)
178_Lcx1	泥灰岩	26.1	$\frac{108}{5}$	16.3	$\frac{107}{4}$	8.6	$\frac{108}{5}$	4.3	$\frac{109}{6}$
178_Lcx2		37.5	$\frac{98}{0}$	29	$\frac{98}{0}$	3	$\frac{98}{0}$	5.5	$\frac{98}{0}$
178_Rcx1	黏土岩	13	$\frac{109}{0}$	7.4	$\frac{109}{0}$	3.6	$\frac{109}{0}$	3.8	$\frac{109}{0}$
178_Rcx2		25.6	$\frac{105}{0}$	23.2	$\frac{104}{1}$	1.6	$\frac{105}{0}$	3.3	$\frac{104}{1}$
178_Rcx3		16.1	$\frac{92}{6}$	8.4	$\frac{92}{6}$	3.8	$\frac{93}{5}$	1.4	$\frac{89}{0}$

注:截至 2008 年 12 月:

1. 178_Lcx1:测斜管埋深 19 m,位于左岸开口线,变形方向偏向渠道中轴线,在高程 108 m 处(深度 5 m)累积最大变形量 26.1 mm。
2. 178_Lcx2:测斜管埋深 16 m,位于左岸 1 级马道,在高程 89.5 m 以上变形方向偏向渠道中轴线,该高程至管底变形方向偏向渠外,在高程 98 m 处(管口)累积最大变形量 37.5 mm。
3. 178_Rcx1:测斜管埋深 16 m,位于右岸开口线,变形方向偏向渠道中轴线,在高程 109 m 处(管口)累积最大变形量 13 mm。
4. 178_Rcx2:测斜管埋深 14 m,位于右岸 2 级马道,变形方向偏向渠道中轴线,在高程 105 m 处(管口)累积最大变形量 25.6 mm。
5. 178_Rcx4:测斜管埋深 11 m,位于右岸 1 级渠坡设计水位高程,变形方向偏向渠道中轴线,在高程 92 m 处(深度 6 m)累积最大变形量 16.1 mm。

7.2.2.2　3 试验区监测成果

3 试验区为换填黏性土措施试验区,各时期变形监测成果见表 7-12 所示。

7.2.2.3　4 试验区监测成果

4 试验区为封闭土工膜措施试验区,各时期变形监测成果见表 7-13。

表 7-12　换填黏土试验区变形监测成果

测斜管编号	岩性	累积变化		开挖期		施工期		施工后期	
		变化量（mm）	高程/深度（m）	变化量（mm）	高程/深度（m）	变化量（mm）	高程/深度（m）	变化量（mm）	高程/深度（m）
238_Lcx1	泥灰岩	2. 8	105/11	1. 7	105/11	2. 4	105/5	0. 8	113/3
238_Lcx2	泥灰岩	10. 8	103/4			6. 6	107/0	6. 2	103/4
238_Rcx1	黏土岩	7. 6	108/1	3. 6	108/1	2. 2	106/3	3. 7	109/0
238_Rcx2	黏土岩	9. 4	100/0			3. 3	100/0	7. 5	100/0

注：截至 2008 年 12 月：

1. 238_Lcx1：测斜管埋深 20 m，位于左岸开口线，变形量小，变形方向偏向渠内和渠外左右摆动，在高程 105 m 处（深度 11 m）累积正向最大变形量 2. 8 mm，在高程 112 m 处（深度 4 m）累积负向最大变形量 5. 5 mm。该段为泥灰岩弱风化，成岩性好，渠坡开挖坡面稳定。
2. 238_Lcx2：该测斜管开挖后期埋设，测斜管埋深 17 m，位于左岸 2 级马道，变形方向偏向渠道中轴线，在高程 103 m（深度 4 m）累积正向最大变形量 10. 8 mm。
3. 238_Rcx1：测斜管埋深 19 m，位于右岸开口线，变形方向在高程 98. 5 m 偏向渠道中轴线，高程 98. 5 m 至管底偏向渠外，在高程 108 m 处（深度 1 m）累积正向最大变形量 7. 6 mm。
4. 238_Rcx2：该测斜管开挖后期埋设，埋深 17 m，位于右岸 1 级马道，变形方向偏向渠道中轴线，在高程 100 m 处（管口）累积最大变形量 9. 4 mm。

7. 2. 2. 4　5 试验区监测成果

5 试验区为土工袋处理试验区，各时期变形监测成果见表 7-14。

7. 2. 3　监测成果分析总结

各试验区累积变形量最大值为 37. 5 mm，最小值为 0. 3 mm；施工后期水平变形量最大值为 7. 9 mm，最小值为 0。

表 7-13 土工膜措施试验区变形监测成果

测斜管编号	岩性	累积变化		开挖期		施工期		施工后期	
		变化量（mm）	高程/深度（m）	变化量（mm）	高程/深度（m）	变化量（mm）	高程/深度（m）	变化量（mm）	高程/深度（m）
298_Lcx1	泥灰岩	4. 5	112/6	4. 5	112/6	1. 9	121/0	0. 8	110/11
298_Lcx3		11. 5	101/0			8. 5	101/0	1. 4	100/1
298_Lcx4		7. 1	94/5			1. 5	96/3	2. 7	97/2
238_Rcx1	黏土岩	1. 3	110/1			0. 5	111/0	0. 4	110/1
238_Rcx2		20	100/0			10. 1	100/0	7. 9	100/0

注：截至 2008 年 12 月：

1. 298_Lcx1：测斜管埋深 17 m，位于左岸开口线，变形量小，变形方向开挖初期偏向渠外，随后向渠内发展，在高程 112 m 处（深度 6 m）累积正向最大变形量 4. 5 mm，在高程 122 m 处（管口）累积负向最大变形量 2. 5 mm。该段为泥灰岩弱风化，成岩性好，渠坡开挖坡面稳定。
2. 298_Lcx3：该测斜管开挖后期埋设，埋深 11 m，位于左岸 1 级马道，变形方向偏向渠道中轴线，在高程 101 m（管口）累积正向最大变形量 11. 5 mm。
3. 298_Lcx4：该测斜管开挖后期埋设，埋深 10 m，位于左岸 1 级渠坡设计水位高程，变形方向偏向渠道中轴线，在高程 94 m（深度 5 m）累积正向最大变形量 7. 1 mm。
4. 238_Rcx1：该测斜管开挖后期埋设，埋深 10 m，位于右岸开口线，变形量很小，变形方向偏向渠内和渠外左右摆动，在高程 110 m 处（深度 1 m）累积正向最大变形量 1. 3 mm，在高程 107 m 处（深度 4 m）累积负向最大变形量 1. 8 mm。
5. 238_Rcx2：该测斜管开挖后期埋设，埋深 15 m，位于右岸 1 级马道，变形方向偏向渠道中轴线，在高程 100 m 处（管口）累积最大变形量 20 mm。

表 7-14　土工袋试验区变形监测成果

测斜管编号	岩性	累积变化		开挖期		施工期		施工后期	
		变化量（mm）	高程深度（m）	变化量（mm）	高程深度（m）	变化量（mm）	高程深度（m）	变化量（mm）	高程深度（m）
358_Lcx1		2.8	119/0	2.0	115/4	1.5	118/1	0	
358_Lcx2	泥灰岩	0.3	97/3	0		0		0	
358_Lcx4		9.9	99/0	6.4	99/0	4	99/0	1	99/0
358_Rcx1	黏土岩	7.4	114/2	7.4	114/2	0.9	116/0	0	
358_Rcx3		9.1	98/3	4.5	95/4	1.1	93/6	0.8	100/1

注：截至 2008 年 12 月：

1. 358_Lcx1：测斜管埋深 20 m，位于左岸开口线，变形量小，变形方向主要向渠内发展，在高程 119 m 处（管口）累积正向最大变形量 2.8 mm。该段为泥灰岩弱风化，成岩性好，渠坡开挖坡面稳定，施工期以后基本未变形。
2. 358_Lcx2：测斜管埋深 18 m，位于左岸 2 级马道，变形方向主要偏向渠道外，可能与该段泥灰岩测斜管两边风弱风化程度不一致所致，在高程 97 m 处（管口）累积正向最大变形量仅 0.3 mm。
3. 358_Lcx4：测斜管埋深 9 m，位于左岸 1 级渠坡设计水位高程，变形方向偏向渠道中轴线，在高程 99 m（管口）累积正向最大变形量 9.9 mm。
4. 358_Rcx1：测斜管埋深 17 m，位于右岸开口线，变形方向主要偏向渠内，在高程 114 m 处（深度 2 m）累积正向最大变形量 7.4 mm，施工期以后基本未变形。
5. 358_Rcx3：测斜管埋深 9 m，位于右岸 1 级马道，变形方向偏向渠道中轴线，在高程 98 m 处（深度 3 m）累积最大变形量 9.1 mm。

从施工后期水平位移监测变形成果上分析，土工袋处理措施的变形量最小，其次是土工格栅措施，再次是换填黏性土措施，后期变形最大的措施是封闭土工膜方案。

因此，单从目前施工后期测得的水平变形量上分析，4 种方案中，土工袋方案在抑制土体膨胀变形上最有效，其次是土工格栅措施，再次是换填黏性土措施，后期变形最大的措施是封闭土工膜方案。

7.3 处理效果理论分析总结

通过对过水断面土工格栅措施、换填黏性土措施、土工膜处理措施、土工袋处理措施,进行的处理层施工前和施工后的计算,极限平衡法和有限元法计算结果及现场水平位移监测成果上可以总结如下:

(1)从极限平衡法渠坡稳定安全系数计算结果上分析,采用换土处理措施、土工格栅处理措施、土工袋处理措施均能提高边坡稳定的安全系数。

(2)从有限元法变形计算结果上分析,采用换土处理措施、土工格栅处理措施、土工袋处理措施均能起到抑制或是协调变形的作用。其中,土工袋处理措施在抑制水平变形方面具有良好的效果;土工格栅 + 开挖料回填措施在抑制水平变形方面具有较好的效果。黏性土处理措施在抑制水平变形方面的效果不是很明显,但在协调周围土体的应力分布方面具有一定的作用。

(3)从现场水平位移监测成果上分析:各试验渠水平位移累积变形量最大值在 37.5 ~ 9.9 mm 范围内变化,土工袋处理方案的累积水平位移量最小,土工格栅累积水平位移量最大。

在施工后期水平位移量最大值在 0.8 ~ 7.9 mm 范围内变化,其中土工袋的水平位移量最小,土工膜方案的水平位移量最大。

因此,从理论计算及现场监测成果上看,土工袋处理在控制位移上较土工格栅方案及换土方案要好,封闭土工膜方案在控制位移上效果不理想。

第8章 膨胀岩渠坡防治工程经济分析与评价

8.1 投资概算测算分析

8.1.1 测算基本原则

(1)概算测算以水利部水总[2002]116号文颁布的《水利建筑工程预算定额》为基础,按照施工工序分别进行。

由于试验工程属于非常规施工,试验技术要求规定的技术指标、参数与定额不完全一致,因此本次测算的重点在于根据试验技术要求对超定额工序的人工、材料、机械消耗量进行现场测算,并作出分析整理。

由于现场测算出的人工、机械消耗量是净工作时间内的消耗,因此在进行成本分析时,分别考虑1.1的人工、机械时间利用系数和1.1的工作面干扰系数。

(2)本次测算考虑了大规模施工时,施工作业面较多,各个工序可以循环作业,因此各个工序间引起的人工、机械闲置不予考虑。

(3)施工单位根据现场人工、材料、机械实际投入情况进行的施工成本分析仅作为大规模推广实施的依据和参考。其原因分析如下:

①试验段现场施工选用的施工机具及辅助设备大多局限于本项目已进场设备,不能达到最优施工配置和定额测算要求的平均先进和平均性能水平;

②试验段工程存在施工作业面较少,不能循环作业的实际情况,引起施工机械闲置,机械效率和施工成本相应增加,与大规模实施工况不完全一致。

(4)黏土换填、土工格栅+开挖料回填、土工袋+开挖料回填三种处理措施施工时,分别采用了不同的处理厚度和坡比。为便于经济可行性比较,处理厚度按2 m计算,处理坡比按1∶2.5计算(计算平面施工宽度为5.38 m),运距按1 km计算。

8.1.2 测算说明

概算编制价格水平年为2009年8月价格,汽油、柴油价格采用11月10日调整后价格。按照水利部水总[2002]116号文颁布的《水利建筑工程概算定额》及现场测定数据进行单价分析。其中,开挖料筛分、含水量调整根据现场测定分析,其他按照定额计算。

8.1.2.1 人工预算单价

人工预算单价见表8-1。

表8-1 人工预算单价

序号	名称	单位	引水工程
1	工长	元/工时	5.4
2	高级工	元/工时	5.06
3	中级工	元/工时	4.36
4	初级工	元/工时	2.32
5	机械工	元/工时	4.36

8.1.2.2 主要材料预算价格

电价为0.80元/kWh,风价为0.12元/m^3,水价为0.80元/m^3(已计入南水北调基金0.25元/m^3)。

主要材料预算价格见表8-2。

表8-2 主要材料预算价格

序号	材料名称	单位	主材价格(元)
1	钢筋	t	4 580
2	水泥(综合)	t	260
3	汽油	t	7 875
4	柴油	t	7 135
5	砂	m^3	66.84
6	石子	m^3	59.43
7	块石	m^3	46.08
8	土工格栅	m^2	9.6
9	土工袋(大)	个	21.86
10	土工袋(小)	个	1.63

8.2 投资对比分析

投资分析不仅进行了过水断面及非过水断面不同处理措施的投资对比，还进行了不同运距换土处理措施的投资对比。换土处理措施的土料来源有两种：①渠道挖方可用土；②从土料场集中取土。

从土料场集中取土，料场借土深度按 2 m，征地按 5 000 元/亩，计算出分摊征地费用为 4.42 元/m^3。

过水断面各种处理措施投资对比见表 8-3。非过水断面各种处理措施投资对比见表 8-4。不同运距换土处理措施投资对比见表 8-5。

表 8-3 过水断面各种处理措施投资对比

编号	项目	单位	工程量	单价(元)	合价(元)	单位长度(m)
1	土工格栅方案				685 956	13 718
	开挖料回填	m^3	6 474.10	64.44	417 191	
	土工格栅	m^2	17 016.92	15.06	256 275	
	格栅连接钢筋	t	1.30	9 607.94	12 490	
2	换土方案				160 790	3 215
	黏土回填(1 km)	m^3	7 510.06	21.41	160 790	
3	封闭土工膜方案				65 315	1 307
	土工膜	m^2	2 832.38	23.06	65 315	
4	土工袋方案(大袋)				1 362 649	27 253
	土工袋填筑(大袋)	m^3	6 472.47	210.53	1 362 649	
5	土工袋方案(小袋)				1 006 857	20 137
	土工袋填筑(小袋)	m^3	6 472.47	155.56	1 006 857	

表 8-4 非过水断面各种处理措施投资对比

编号	项目	单位	工程量	单价(元)	合价(元)	单位长度(m)
1	植喷				20 898	836
	植喷		1 161.00	18.00	20 898	
2	草皮护坡				3 950	158
	草皮护坡	m^2	1 975.00	2.00	3 950	

续表 8-4

编号	项目	单位	工程量	单价(元)	合价(元)	单位长度(m)
3	水泥砂浆+土工膜方案				57 813	2 313
	喷护水泥砂浆(1 cm)	m^2	1 020.00	21.14	21 563	
	复合土工膜1	m^2	1 572.00	23.06	36 250	
4	土工膜+土工网方案				110 694	4 428
	开挖料回填(50 cm)		1 033.00	64.44	66 567	
	草皮护坡	m^2	1 626.00	2.00	3 252	
	复合土工膜2	m^2	1 321	23.06	30 462	
	土工网	m^2	801	8.00	6 408	
	土工网垫	m^2	801	5.00	4 005	
5	混凝土植草				9 297	372
	黏土回填	m^3	115.00	21.41	2 462	
	草皮护坡	m^2	1 151.00	2.00	2 302	
	混凝土框格护坡	m^3	16.02	282.99	4 533	
6	砌石拱植草措施				72 980	2 919
	黏土回填	m^3	232.00	21.41	4 967	
	软岩开挖	m^3	120.00	25.00	3 000	
	草皮护坡	m^2	3 057.00	2.00	6 114	
	M7.5 浆砌石	m^3	83.00	172.31	14 302	
	C15 混凝土拱圈	m^3	49.00	282.99	13 867	
	斜面人工开挖软岩	m^3	126.00	30.00	3 780	
	混凝土拱圈模板	m^2	245.00	110.00	26 950	
7	喷护水泥砂浆(1 cm)	m^2	641.00	21.14	13 551	542
8	喷护水玻璃保护层(3 cm)	m^2	1 672.0	120.0	200 640	8 026

表 8-5　不同运距换土处理措施投资分析

项目	运距(km)	单价(元/m^3)		分摊占地投资(元/m^3)	
		利用开挖料	料场借土	利用开挖料	料场借土
1	1	21.41	23.02	-2.50	4.42
2	2	24.52	26.13	-2.50	4.42
3	3	27.42	29.03	-2.50	4.42
4	4	30.08	31.69	-2.50	4.42
5	5	32.68	34.3	-2.50	4.42
6	6	35.05	36.66	-2.50	4.42
7	7	37.42	39.03	-2.50	4.42
8	8	39.79	41.4	-2.50	4.42
9	9	42.15	43.76	-2.50	4.42
10	10	44.52	46.13	-2.50	4.42
11	11	46.29	47.9	-2.50	4.42
12	12	48.07	49.68	-2.50	4.42
13	13	49.84	51.45	-2.50	4.42
14	14	51.62	53.23	-2.50	4.42
15	15	53.39	55	-2.50	4.42
16	16	55.17	56.78	-2.50	4.42
17	17	56.94	58.55	-2.50	4.42
18	18	58.72	60.33	-2.50	4.42
19	19	60.49	62.1	-2.50	4.42
20	20	62.27	63.88	-2.50	4.42

8.3　投资合理性分析

8.3.1　土工格栅方案

对土工格栅方案中开挖料筛分、含水量调整两项的投资概算是根据现场测定进行分析的。在现场测定过程中施工单位根据现场人工、材料、机械实际投入

情况进行的施工成本分析仅可作为大规模推广实施的依据和参考。其原因分析如下:

(1)试验段现场施工选用的施工机具及辅助设备大多局限于本项目已进场设备,不能达到最优施工配置和定额测算要求的平均先进和平均性能水平。

(2)试验段工程存在施工作业面较少,不能循环作业的实际情况,引起施工机械闲置,机械效率和施工成本相应增加,与大规模实施工况不完全一致。

因此,土工格栅方案的投资在实际实施过程中还有优化余地。

另外,现场也做了简化翻包土工格栅方案,其投资以常规翻包为依据,重点考虑了以下因素:

(1)削坡量减少,不必进行2次削坡,但整体削坡量是原来2次削坡总量的80%,即减少削坡量的20%。

(2)钢筋固定采用6 mm,铺设4个/m^2,单根0.35 m,减少量有限,可以忽略其投资变化。

(3)格栅铺设量减少,但减少量有限,仅为2%,所以也不考虑其投资减少。

与常规反包格栅投资100.12元/m^3相比,简化反包格栅方案投资约为90元/m^3。每延米投资118 450元/m。

8.3.2 土工袋方案投资分析

根据河海大学土工袋课题组所做的室内相关试验研究及同类工程经验,以及在南阳膨胀土试验段采用机械施工的经验总结,土工袋方案通过改进土工袋的原材料、采用机械化施工、改善施工工艺等方案,说明投资还有优化的余地,具体分析如下。

8.3.2.1 土工编织袋原材料

新乡试验段的土工编织袋原材料的参数指标是根据强膨胀土的室内试验要求给定的,在处理中、弱膨胀土(岩)边坡时,其参数指标的安全余度过高,具有可调整空间。通过室内补充试验结果总结分析,现确定土工编织袋的参数指标要求如下:

(1)原材料:聚丙烯(PP)土工编织袋,其中掺有1%防老化剂(UV)。

(2)摊平尺寸:80 cm×50 cm。

(3)克重:≥100 g/m^2。

(4)经纬纱UV含量:1%。

(5)经向拉力标准:≥15 kN/m。

(6)纬向拉力标准:≥12 kN/m。

(7)经纬向伸长率标准:≤28%。

(8)顶破强力:≥1.5 kN/m。

(9)颜色:黑色(黑色抗紫外线能力强)。

8.3.2.2　**土工袋施工机械**

土工袋施工工艺具有灵活多变性,在狭小的作业面条件下可以采用人工装袋和小机械施工,在大面积连续性的作业面条件下可以采用机械施工。根据新乡试验段的施工情况分析,采用机械施工,包括采用机械装袋、运输等能够达到提高装袋效率、避免多次倒运的目的,从而有效减小施工成本。

8.3.2.3　**土工袋施工工艺**

新乡试验段的土工袋处理膨胀岩边坡方案是先从料场装袋,再运输至渠道边坡处理进行填筑。其具体施工工序如下:①料场挖掘机松土;②装载机筛土、配水,人工装袋;③人工手提缝纫机封口;④装载机装车;⑤自卸车运袋;⑥人工摆放;⑦装载机运土;⑧人工平整;⑨压路机碾压。

上述土工袋施工存在施工工序复杂、施工过程机械使用率低、倒运次数多等缺点。因此,有必要对土工袋处理膨胀土边坡的施工工艺进行下列优化:

(1)装袋场地:采用边开挖边施工的方法,做到现场装袋,缩短施工运距和减小倒运次数,提高效率。

(2)装袋机械:采用自动装袋机械,缝口机设置于出口处,避免缝口倒运,并用传输机械装车或直接运送至施工作业面。

(3)渠道作业现场:合理划分作业工段,宜不小于100 m,每个工段内再分为两个作业区,交替作业,以充分提高装载机、压路机的工作效率。

(4)填缝工序:室内试验表明,土工袋的层间摩擦主要依赖相互的错缝固嵌作用,因此根据处理位置不同可以考虑取消填缝工序以达到节约投资的目的。

第9章 膨胀岩渠坡施工及施工期安全监测和滑坡处理

9.1 膨胀岩渠坡施工总体要求

由于膨胀岩的特殊工程性质,渠坡施工过程的控制是保证工程安全的重要环节,为规范施工,保证工程安全,膨胀岩渠坡施工一般应遵循以下要求。

9.1.1 施工注意事项

(1)渠坡开挖轮廓线应符合施工详图所示的开口线、边坡和高程要求,一般情况下建基面和边坡均不应欠挖。

(2)渠道施工前,应认真阅读设计文件,根据施工机具、人员条件等情况,结合施工地域的气象条件,编制严密的施工计划,合理安排施工进度。

(3)渠道开挖施工中应选取大小适宜的开挖、运输设备。开挖过程中,应对边坡进行不间断地巡查,密切注意渠坡渗水和变形等现象。

(4)开挖过程中,对于前期勘探明确有裂隙面或软弱面的渠坡,应谨用爆破开挖工艺,防止因爆破震动导致渠坡整体滑坡,对已出现边坡失稳或滑移现象的渠段应及时进行处理。

(5)处理层施工前,应首先对填料指标进行相关试验,包括土料的物理特性、矿化特性试验,以及填筑特性的室内外试验,判别填料的适用性,确定碾压参数,提前备好回填土料。具体试验项目在相关章节中规定。

(6)对于施工所用钢筋、水泥、土工膜、土工格栅、土工袋、保温板等材料,应在进货前验明供货厂家生产资质,并提供经国家资质认定的第三方出具的检验合格报告。

9.1.2 一般施工程序

(1)膨胀岩渠坡开挖应尽量避开雨季施工,并遵循先施工坡顶排水系统,后开挖渠坡,自上而下,分层逐级,连续开挖,快速施工,及时防护的施工原则。

(2)开挖过程中,膨胀岩渠段宜分段分级施工。段与段之间采用流水作业,做好施工衔接工作,并将临时覆盖边坡、预留保护层和渠坡衬砌等后续工序及时跟进,使开挖边坡裸露时间尽量控制在最短时间内。

(3)为预防雨水冲蚀边坡,在渠坡开挖前,应先开挖修筑渠道两侧排水沟并衬护,具备排水条件后,再进行主体工程开挖,并做好防雨准备,以减小地表水入渗对开挖边坡的影响。

(4)渠坡处理采取分级施工,在本级边坡开挖完成后,及时进行本级边坡防护处理。本级护坡施工遵循自下而上的原则,并通过精心组织尽量缩短每道工序间的时间间隔。在上一级边坡处理完成之前,严禁下一级边坡开挖。

9.1.3 施工期膨胀等级复核

前期设计阶段,通常沿渠线均布置有一定数量的勘探孔或勘探断面,同时根据勘探试验成果对渠段膨胀性进行分段。受勘探阶段及勘探精度的制约,施工期渠道开挖过程中不可必免的会出现地质情况的变化,应根据施工期地质编录针对具体的分段情况,进行进一步膨胀等级的复核工作,并根据复核成果,及时调整处理方案。

9.1.4 施工期排(降)水工程处理措施

(1)工程开挖前,尽可能结合永久性排水设施的布置排水系统,规划好开挖区域内外的临时性排水措施。

(2)在开挖过程中,应作好临时性地面排水设施,要求保持必要的地面排水坡度、设置临时坑槽,使排除的积水畅通无阻。

(3)为保护其开挖边坡免受雨水冲刷,首先按施工图纸开挖并完成边坡上部永久性截流沟的施工,对其上部未设置永久性截渗流的边坡面,应加设临时性截流沟,在边坡开挖前予以实施。

(4)施工时,应注意保护已开挖的永久边坡面和附近建筑物及其基础免受冲刷与侵蚀破坏,应增设临时排水措施。

(5)在平地或凹地进行开挖作业时,应在开挖区周围设置挡水堤和开挖周边排水沟,以及采取集水坑抽水的措施,阻止场外水流进入场地。

(6)采取降低地下水位的排水措施。

(7)采用机械进行基坑开挖时,应保证地下水位降低至最低开挖面0.5 m以下。

(8)在基坑开挖期间,应对基坑及其周围受降低水位影响的地区进行地下水位和地面沉降观测,并作好定期观测记录。

9.1.5 开挖及防护技术要求

9.1.5.1 保护层开挖

膨胀岩土易胀缩,裂隙较发育,遇水强度低,边坡稳定性差。渠道大面积开挖时，一般应预留保护层，以防止建基面长期暴露在空气中。

(1)预留保护层厚度一般以0.3~0.5 m为宜。

(2)开挖前确保排水设备完好，排水线路畅通。

(3)加速开挖，使土体暴露的时间减至最短。

(4)边开挖、边加设防护措施，使之与大气和水隔离。

9.1.5.2 开挖边坡及建基面的防护

膨胀岩施工时，当去掉上部覆盖重量、暴露在空气中以后，即迅速风化，吸水膨胀，并立即湿化崩解，为了防止上述现象发生，应当及时进行坡面及基面的防护。

(1)开挖的边坡宜采用防雨布(低规格复合土工膜)进行防护，既防雨水，又防土体失水干裂。防雨布应水平横向搭接，上层布压下层布，搭接宽度不小于0.5 m，防雨布上下坡脚应与上下排水沟边沿搭接压牢，坡面搭接处应采用土袋压牢。防雨布铺设时要做到全面覆盖不留死角，且尽量平整，避免雨水的积聚产生渗漏。严防雨淋或风吹日晒产生龟裂、滑坡等现象的发生。

(2)在开挖过程中，要及时收集天气情报，预备足够的防雨布，及时覆盖路口、开挖区路面及坡面，防止雨雪侵蚀产生滑坡等地质灾害。

(3)在开挖施工过程中，大型的挖掘和碾压或吊装的重型设备不得在上1级马道和坡顶上行驶。同时，马道上和坡顶附近尽量避免堆放渣土和有关施工材料。若需堆放，必须经过核算安全方可实施。

(4)在建基面形成后，视天气情况进行洒水保湿处理，尽量利用大型花洒进行洒水施工，以保证洒水的均匀性。洒水量与洒水频率视天气情况而定，以建基面含水量保持在天然含水量左右为控制标准，保证建基面土体不会因为失水发生干缩变形而改变其强度。

(5)在建基面形成后，虽然采取了防雨、防晒、洒水保湿等保护措施，但考虑到施工过程影响因素较多，在建基面形成后，在采取以上保护措施的前提下，应迅速进行后续处理措施施工，包括换填处理层填筑、1级马道以上砌石联拱施工及有机质土覆盖、混凝土衬砌板施工等。为保证衬砌板的平整度，应尽量采用衬砌机施工，并在3~5 d内完成。

9.2 施工期安全监测

9.2.1 安全监测的意义

膨胀岩土边坡破坏的复杂性，从地质勘察到稳定计算，再到处理设计都不可能完全考虑边坡内部的应力状态,很大程度上计算边界条件都经过了人为的概化及简化。为了真实反应边坡岩体内部的应力分布、检验设计、施工的可靠性,以及边坡治理后的稳定状态,对边坡埋设监测仪器进行变形、位移、应力场、渗流场等进行监测,紧密关注边坡发展的动态,圈定边坡的不稳定区域,确定不稳定边坡的破坏模式、滑移方向和速度。掌握边坡的发展规律,为采取经济合理的处理措施提供重要的依据,对评价治理措施的质量和效果提供重要佐证。

9.2.2 监测基本要求

(1)对中、强膨胀岩土渠道,特别是对深挖方渠道,需根据工程实际情况因地制宜地设置安全监测设施。

(2)监测设施的设置和施工,宜结合处理措施、施工方法、排(降)水的方式等情况有的放矢地实施,并尽量使永久监测设施与施工期临时监测设施相结合。

(3)安全监测项目一般为:①地面位移监测;②坡体深部水平位移和滑动面监测;③地下水监测;④渠底板土应变;⑤裂缝监测。

(4)安全监测可结合监测断面或选择重点部位进行。渠道开挖期间宜重点监测土体裂缝发展、两岸地下水位、坡肩深部位移,并通过简易观测墩监测开挖边坡的变形位移。开挖结束后,宜重点监测坡面位移、渠底板土应变、衬砌板裂缝、深部位移。

(5)各仪器设备在出厂后或在安装埋设前应按国家有关技术规范要求和厂家提供的方法对所采购的仪器和设备进行检验(率定)。

(6)各监测点应严格按施工图要求放样,各内部观测仪器埋设误差不许超过 10 cm,各外部变形监测点放样误差不许超过 20 cm。

(7)各监测设施在埋设时应认真作好记录,仪器安装记录应反映部位名、仪器编号和设计编号、具体埋设位置、钻孔深度、埋设方式、天气情况、土建施工形象、二次仪表编号、埋设日期及时间、仪器埋设前后监测数据、说明、埋设示意图及安装人员签名等项目,以上记录事后应及时归档。

(8)对已埋监测设施应定时进行观测,及时进行资料整理和分析,若在观测过程中发现异常现象应及时会商处理。

(9)除用仪器设备进行监测外,还应加强日常人工巡视检查工作。

9.2.3 监测设施的埋设

9.2.3.1 垂直位移测点埋设

(1)水准点一般埋设在渠坡表面和渠顶,要求埋设不锈钢标点。

(2)对于混凝土面板、砌石联拱和混凝土六方格护坡,各水准点可直接钻小孔,填入水泥浆,插入水准标。

(3)对于植草护坡及换填土,则采取人工挖小坑填入水泥砂浆固定水准标。

9.2.3.2 **水平位移测点埋设**

(1)采用简易混凝土观测墩,各墩顶设置强制对中底盘,底盘在安装时应调整水平,倾斜度不得大于10°。

(2)渠顶部位测点可挖坑浇筑混凝土观测墩,1级马道上一般直接将测点浇筑在路缘石旁。

(3)对于永久性观测墩,要求造型美观,外表涂白色高级防水涂料,并标明醒目的测点编号。

9.2.3.3 **测斜管埋设**

(1)测斜管一般可布设在坡顶或马道部位,在保护层或覆盖土开挖之前进行钻孔埋设,钻孔时尽量不加水,钻孔直径110 mm,孔深应达到下1级马道或底板对应的高程以下5~10 m。对典型部位的测斜孔需进行地质编录。

(2)测斜管在安装前应逐根进行检查,不合格的应严禁使用。安装时要使测斜管导槽分别垂直和平行水流方向,不得偏扭,测斜管的连接要使导槽对齐,防止扭偏。用环氧树脂和铆钉固定各导管接头,测斜管的底部必须有密封端盖。

(3)测斜管安装完毕后,采用导管由孔底向上回填水泥浆,或用细砂进行密实回填,孔口1.5 m范围用同性膨胀土密实回填。

(4)在保护层开挖及护坡结构施工时,应对测斜管严加保护,测斜管周围保护层必须用人工方式开挖,并对测斜管管口进行封口保护。

(5)若该部位需铺设土工膜,必须将土工膜开口与测斜管粘接牢固。

(6)各测斜管孔口均需设置永久孔口保护装置。

9.2.3.4 **孔隙水压力计埋设**

(1)当孔隙水压力计布置在渠底板和护坡结构底部时,可采取坑式埋设法,即在保护层开挖后或衬砌结构覆盖前,在所埋测点位置挖坑,坑深20 cm,采用砂包裹体的方法,将孔隙水压力计在坑内就地埋设。砂包裹体由中细砂组成,并以水饱和。砂包裹体就位后,坑内回填粗砂。将电缆顺基面和渠坡引入渠顶观测箱,并随时进行保护。

(2)当孔隙水压力计布置在地基土深部时,采取钻孔埋设法,即各传感器应按照设计定位,在该断面(部位)保护层或覆盖土开挖之前进行钻孔埋设,要求单点单孔按不同深度分别埋设,钻孔时尽量不加水,钻孔直径91 mm,孔距30 cm左右,孔深应达到各测点设计高程,其误差不得超过±5 cm。钻孔应取土芯,并进行地质编录。

(3)成孔后应立即进行传感器安装埋设。安装时将预先用砂包裹好并以水饱和的传感器送入孔底，待读数仪观测认为仪器工作正常后，向孔内投入 5 ~ 10 cm 厚的细砂，固定好电缆，逐层回填和人工捣实同性土，直至孔顶。

(4)施工时各仪器电缆应穿入 PVC 保护管中进行保护。

9.2.4 现场观测

9.2.4.1 垂直位移测点观测

(1)各水准点用精密水准仪，按国家二等水准测量方法进行测量，其闭合差不得大于国家相关技术规定。

(2)施工期垂直位移监测可直接利用施工控制网工作基点，对永久监测测点，应在工程影响范围以外稳定安全的位置建立永久垂直位移工作基点，以此基点作为日常观测参照点。

(3)各测点埋设完毕并在混凝土终凝后，及时测取初始值。正常情况下，初期一般每天观测 1 次，开挖结束后每 5 ~ 10 d 观测 1 次，但在重点部位或发现异常现象时应有针对性地加密测次。

9.2.4.2 水平位移测点观测

(1)水平位移可用测距仪进行相对位移观测，其观测精度要求优于 3 mm，严格按所选生产厂家测距仪观测规程和测量方法进行操作，每次观测尽量在同一个时间段进行。

(2)各测点埋设完毕 10 d 以后，测取初始值，初始值应在最短的时间内独立观测 2 次，取其平均值。正常情况下，初期一般每天观测 1 次，开挖结束后每 5 ~ 10 d观测一次，但当发现异常现象时或在重点部位应有针对性地加密测次。

9.2.4.3 测斜管观测

(1)观测时，用测斜仪测头分别按 x、y 方向从测斜管底部自下向上，每隔 50 cm 测读 1 次，逐次测定。每个方向观测应平行测读 2 次，正测完毕后，需进行反测。取正、反方向 2 次测值的平均值作为常数进行计算。

(2)仪器读数操作程序、规程和测值计算方法应严格按厂家仪器说明书要求执行。

(3)钻孔测斜管安装完 1 d 后开始观测。最初 1 ~ 2 d 观测 1 次，待仪器读数达到初始稳定状态，并稳妥确定初始值后，定期进行观测。渠道开挖和换填期间，宜每天观测 1 次，之后可 5 ~ 10 d 观测 1 次，但在发现异常现象或特殊情况下应有针对性地加密测次。

9.2.4.4 地下水观测

(1)仪器埋入后随即进行观测，过后每天观测 1 次，取其稳定值作为初始值。在埋设初期至衬砌板浇筑后 2 周内，每天观测 1 次，之后每 5 ~ 10 d 观测 1

次，但在发现异常现象或下雨、渠道充水期间应加密观测。

(2)仪器读数操作程序、规程和测值计算方法应严格按厂家仪器说明书要求执行。每次观测时要求仪器两次读数差不大于仪器的最小读数。

9.2.5 人工巡视检查

(1)巡视检查是安全监测的重要环节，应定期由熟悉工程并具有实践经验的相关工程技术人员负责进行。

(2)巡视检查前应根据膨胀土渠段的特点制定切实可行的巡视检查制度，规定巡视检查的时间、部位、内容和要求，并确定巡视检查路线和顺序。

(3)巡视检查分为施工期人工巡视检查和运行期人工巡视检查。施工期检查一般每日1~2次，渠道试运行期及运行初期巡检一般每星期2~3次。下雨期间或发现异常现象应加密巡视检查次数。

(4)主要检查项目为：①膨胀土渠顶有无裂缝和异常变形、排水沟有无堵塞和破损；②渠坡或护坡有无裂缝、隆起、滑动、塌坑、错断或渗水、冒水等现象。

9.2.6 资料整理与初步分析

9.2.6.1 监测资料整理与整编要求

(1)在安全监测实施过程中应主动收集工程相关资料，包括工程施工形象、监测仪器周围的开挖记录、每日的气象情况，以及工程中出现的各种异常现象。对收集到的资料进行妥善保管，并在相应的观测记录中作必要备注，以便进行资料整理分析之用。

(2)应作好所采集数据和人工巡视检查情况的原始记录，记录应采用标准的固定格式，数据和情况的记载应准确、清晰、齐全。

(3)建立完整的数据库，作好原始监测数据的记录(录入)，检验数据的正确性，计算各项监测物理量，填写相关的表格，绘制相关的曲线和图，初步分析各监测物理量的规律性，判别是否有异常现象发生及做好其他应做的日常资料整理工作。

(4)渠道开挖和换填期间，每周整编一次监测资料，衬砌板浇筑后每月整编一次监测资料。遇到监测数据异常、揭示渠坡可能出现变形破坏险情时，应及时按照现场建设管理有关规定，向有关部门报告异常情况。

9.2.6.2 监测资料初步分析要求

1)监测资料初步分析步骤

膨胀土渠段安全监测资料初步分析一般包括(但不限于)下列步骤：

(1)图表生成。

对各种实测资料绘出必要的图形来表示其变化关系，包括各种过程线、分布图、相关图及过程相关图，并根据要求生成各种成果表及报表。

(2)初步分析。

对每个监测项目的各个测点都应作初步分析。包括：①对各测点的实测值集合进行特征值统计；②采用对比法，初步判断测值是否正常；③对各监测值的空间分布情况、沿时间的发展情况、测值变化与有关环境原因及结构原因之间的关系加以考察分析，对各测点测值的合理性、可信性作出判断，探索和挖掘内、外在变化规律性，找出非正常或异常现象，并进行系统地归纳和总结。

(3)技术报警。

在观测和资料分析过程中，当实测值或巡视检查资料反映建筑物工作状态出现明显异常或险情时，应快速向有关部门报告情况，发出技术报警，并随后以书面形式报告监测数据和分析资料。

2)资料初步分析报告的内容

监测资料初步分析报告内容应包括(但不限于)：

(1)观测仪器的布置情况。

(2)观测时相关部位的土建工程施工形象。

(3)相关部位的施工活动情况。

(4)气温、降雨等气象和环境资料。

(5)仪器设备的运行情况。

(6)观测过程中的异常情况及处理记录。

(7)观测数据的分析和评价。

(8)对渠道的安全现状或安全性作出初步判断。

(9)观测数据的测值变化过程线、相关图、分布图及数据列表。

(10)其他需要说明的问题及建议。

9.3 施工期滑坡处理

9.3.1 滑坡的预警

(1)在边坡开挖过程中注意裂缝的出现，减少临空面的产生，修坡工序尽量使用人工修坡，避免重型机械对边坡稳定的影响。

(2)施工开挖，若对成岩较好的需要爆破，应尽量减小投药量，以减少震动。

(3)加强施工地质巡视工作，特别注重观测高边坡的稳定情况，发现问题或有滑坡迹象时要及时进行地质预报。

9.3.2 滑坡体的防护

对于施工期发生的滑坡，为防止滑坡体继续发展，影响工程施工安全，在滑坡体处理之前，应采取以下防护措施：

(1)在滑坡体破坏范围(及地表出现裂缝)以外 5 ~ 10 m 设置防护警示，禁止与工作无关的人员、机械、车辆等入内。

(2)在滑坡体范围附近严格控制爆破、开挖等作业，避免滑坡体突然滑塌造成安全事故，同时应制定人员、机械等紧急撤离方案。

(3)为防止坡顶雨水进入滑坡体，在坡顶应设置适当的排水沟。

(4)为防止雨水进入裂缝，应对已产生裂缝和可能产生裂缝的区域，用土工膜、塑料布等覆盖。

(5)在滑坡体周围设置表面变形观测点或埋设仪器，及时对滑坡体变形进行监控，做好预警工作。

9.3.3 滑坡体的勘探

在施工地质编录基础上通过坑探、竖井、槽探等勘察手段达到以下目的：

(1)复核工程地质条件，包括地层岩性分布(胶结好的、较差的及泥化夹层的分布)，地质构造，地下水分布，复核物理力学参数，并对膨胀岩的膨胀性进行分区。

(2)查明失稳岩体的位置、范围、规模及破坏机制、结构面力学参数。

(3)查明潜在滑坡体的分布范围、结构面的成因、类型、充填情况、产状及组合关系，对结构面天然状态和饱水状态下的抗剪强度进行试验，分析渠坡可能的变形和失稳形式、发展趋势及危害程度，并提出处理措施和建议。

参考文献

[1] 包承纲. 南水北调工程膨胀土渠坡稳定问题及对策[J]. 人民长江,2003,34(5):4-6.

[2] 黄志全,闫文杰,王玲玲,等. 南阳膨胀土抗剪强度的现场剪切试验研究[J]. 水文地质工程地质,2005(5):64-68.

[3] 卢肇均,张惠明,陈建华,等. 非饱和土的抗剪强度与膨胀力[J]. 岩土工程学报,1992,14(3):1-8.

[4] Bishop A W, et al. Fartors controlling the strength of partly satu-rated cohesive soils[C]//ASCE research conference on the shear strength of cohesive soils. U. S. A:University of Colorado,1960.

[5] Fredlund D G, Morgenstern N R, Widger R A. The shear strength of unsaturated soils[J]. Canadian Geotechnical Journal,1978,15(3):313-312.

[6] 中华人民共和国住房和城乡建设部,中华人民共和国国家质量监督检验检疫总局. GB 50487—2008 水利水电工程地质勘察规范[S]. 北京:中国计划出版社,2008.

[7] 中华人民共和国建设部,国家质量监督检验检疫总局. GB 50021—2001 岩土工程勘察规范[S]. 北京:中国建筑工业出版社,2001.

[8] 中华人民共和国水利部,中华人民共和国国家发展和改革委员会. SL 386—2007 水利水电工程边坡设计规范[S]. 北京:中国水利水电出版社,2007.

[9] 中华人民共和国水利部,中华人民共和国国家发展和改革委员会. DL/T 5353—2006 水电水利工程边坡设计规范[S]. 北京:中国电力出版社,2006.

[10] 中华人民共和国建设部,国家质量监督检验检疫总局. GB 50330—2002 建筑边坡工程技术规范[S]. 北京:中国建筑工业出版社,2002.

[11] 中华人民共和国水利部. SL 274—2001 碾压式土石坝设计规范[S]. 北京:科学出版社,2007.

[12] 水利部长江流域规划办公室勘测总队. 南水北调中线工程南阳盆地膨胀土渠道工程地质研究报告[R]. 1988.

[13] 河南省水利科学研究所. 南水北调中线工程膨胀岩现场大型直剪试验及对现有试验成果的整理分析[R]. 1999.

[14] 代启亮,王春林,孙飞,等. 不同初始含水率对扰动膨胀土的影响研究[J]. 水电能源科学,2008,26(5):65-67.

[15] 郭伟. 南阳盆地膨胀土大气影响深度的研究[J]. 人民长江,2007,38(9):9-10.

[16] 陈祖煜. 土质边坡稳定分析——原理·方法·程序[M]. 北京:中国水利水电出版社,2003.

[17] 朱伯芳. 有限单元法原理与应用[M]. 2版. 北京:中国水利水电出版社,1998.

[18] 郑颖人,赵尚毅,张鲁渝. 用有限元强度折减法进行边坡稳定分析[J]. 中国工程科学,2002,4(10):57-61.

[19] 龚文惠,王元汉,郑俊杰. 膨胀土高填方路堤稳定性的有限元分析[J]. 公路,2008(6):79-82.

[20] 龚文惠,王元汉,郑俊杰. 浸水条件下膨胀土路堑边坡的稳定性分析[J]. 公路,2007(10):96-100.

[21] 秦禄生,郑健龙. 膨胀土路基边坡雨季失稳破坏机理的应力应变分析[J]. 中国公路学报,2001,14(1):25-30.

[22] 龚壁卫,李青云,谭峰屹,等. 膨胀岩渠坡变形和破坏特征研究[J]. 长江科学院院报,2009,26(11):47-51.

[23] 朱伯芳. 有限单元法原理与应用[M]. 2版. 北京:中国水利水电出版社,1998.

[24] 李成. 侯月线膨胀岩堑坡加固防护工程探讨[J]. 路基工程,1995(2):30-35.

[25] 李国华,杨裔轩. 用化学方法治理膨胀岩土渠道滑坡的可行性研究[J]. 安徽水利科技,1995(3):32-39.

[26] 牛怀俊. 用土钉墙技术加固膨胀岩堑坡[J]. 铁道标准设计,1997(1):32-35.

[27] 答治华,王小军. 膨胀岩边坡病害及其防护[J]. 路基工程,1998(4):58-63.

[28] 王小军,答治华. 重塑膨胀岩的湿化性与其影响因素之间的关系[J]. 路基工程,1998(3):29-35.

[29] 王双领. 土钉挡墙加固膨胀岩堑坡施工技术[J]. 路基工程,1999(1):32-35.

[30] 申益民. 南昆线永乐车站膨胀岩路堑设计[J]. 路基工程,1999(4):17-18.

[31] 邹开学,李玉锋. 南昆铁路膨胀岩(土)改良研究[J]. 路基工程,2000(4):1-4.

[32] 余洪璋. 膨胀岩工程地质特性的探讨——南昆线林逢工点膨胀岩特性分析[J]. 水电勘测设计,2000(3):36-39.

[33] 曾继杰. 南宁盆地膨胀岩的工程性质及防护措施[J]. 路基工程,2001(6):5-9.

[34] 汤国璋. 膨胀岩的工程特性与路基工程防治途径[J]. 兰州铁道学院学报,2002,21(1):111-114.

[35] 杨庆,张传庆,等. 巷道及边坡工程中的膨胀岩灾害与防治[J]. 防灾减灾工程学报,2003,23(1):74-79.

[36] 陈丙年. 浅谈膨胀岩边坡病害[J]. 铁道运营技术,2003(3):21-23.

[37] 王玉宝,崔东,杨松青. 新疆北部地区膨胀岩土及处理[J]. 地质与勘探,2003(S2):249-251.

[38] 池锋. 南昆线膨胀岩路基基床病害整治方法探讨[J]. 广西大学学报:自然科学版,2003(S0):30-34.

[39] 何满潮,张金风,衡朝阳,等. 台岩岭膨胀岩边坡力学特性及其支护对策研究[J]. 金属矿山,2004(3):11-14.

[40] 陈杰. 新疆膨胀岩、土的工程地质问题探讨[J]. 新疆水利,2005(4):15-19.

[41] 李敏. 膨胀岩边坡防护和加固工程措施[J]. 科学技术通讯,2005(1):16-18.

[42] 王新泰. 湘桂铁路膨胀岩(土)路堑工点处理措施[J]. 路基工程,2007(6):132-133.

[43] 杨松青,王于宝,崔东,等. 新疆南干渠基土的性状与评价[J]. 中国水利水电科学研究

院学报,2007,5(2):132-136.
[44] 汤振宏,肖明贵,陈钊,等. 雒洛高速膨胀岩边坡综合治理[J]. 岩土工程界,2007,10(3):55-57.
[45] 杨建国. 太原—中卫—银川铁路膨胀岩路堑的设计[J]. 铁道建筑,2007(3):73-75.
[46] 张荣. 膨胀岩路堑工程滑坡的整治[J]. 甘肃科技,2010(4):165-166.
[47] 卢军. 膨胀岩基础对渠道防渗工程的危害及其防治措施[J]. 水利规划与设计,2010(2):64-67,71.
[48] 李博,娄佰信. 膨胀岩边坡的防护与治理[J]. 中国西部科技,2010(3):56-56,33.
[49] Fredlund D G, Rahardjo H. Soil Mechanics for Unsaturated Soils[M]. 陈仲颐,等,译. 北京:中国建筑工业出版社,1997.
[50] 包承纲. 非饱和土的性状及膨胀土边坡稳定问题[J]. 岩土工程学报,2004,26(1):1-14.
[51] 河南省水利勘测设计研究有限公司,长江水利委员会长江科学院. 南水北调中线一期工程总干渠——膨胀岩(土)试验段工程(潞王坟段)招标设计报告[R]. 2007.
[52] 长江水利委员会长江科学院,河南省水利勘测设计研究有限公司,等. 膨胀土地段渠道破坏机理及处理技术研究——2008 年度工作总结报告[R]. 2008.
[53] 曾亚武,田伟明. 边坡稳定性分析的有限元法与极限平衡法的结合[J]. 岩石力学与工程学报,2005,24(S2):5355-5359.
[54] 郑颖人,赵尚毅,张鲁渝. 用有限元强度折减法进行边坡稳定分析[J]. 中国工程科学,2002,4(10):57-61.
[55] 长江水利委员会长江科学院,河南省水利勘测设计研究有限公司. 南水北调中线一期工程总干渠膨胀岩土试验段工程(潞王坟段)现场试验研究实施细则(修订稿)[R]. 2007.
[56] 河南省水利勘测设计院. 南水北调中线一期工程总干渠膨胀岩土试验段工程(潞王坟段)初步设计报告[R]. 2006.
[57] 南水北调中线工程膨胀岩试验段现场工作组. 南水北调中线一期工程总干渠膨胀岩土试验段工程(潞王坟段)膨胀岩处理措施施工成本分析报告[R]. 2008.
[58] 河南省水利勘测有限公司. 南水北调中线一期工程总干渠膨胀岩土试验段工程(潞王坟段)工程地质勘察报告[R]. 2007.
[59] 刘特洪. 工程建设中的膨胀土问题[M]. 北京:中国建筑工业出版社,1997.
[60] 廖世文. 膨胀土与铁路工程[M]. 北京:中国铁道出版社,1984.
[61] 缪林昌,刘松玉. 论膨胀土的工程特性及工程措施[J]. 水利水电科技进展,2001,21(2):37-40,48.
[62] 包承钢. 南水北调中线工程膨胀土渠坡稳定问题及对策. 人民长江,2003,34(5):4-6.
[63] 王钊. 鄂北岗地膨胀土特性及渠道滑坡防护及整治的研究报告[R]. 1991.
[64] 河南省水利科学研究院. 膨胀土渠道滑坡治理新技术试验及应用研究[R]. 2008.
[65] 阎国平,等. 膨胀土性质及分类综述[J]. 交通科技与经济,2004(3):1-3.
[66] 李生林,等. 中国膨胀土工程地质研究[J]. 自然杂志,1997,2(19):82-86.

[67] 曲永新,等．中国膨胀性岩、土一体化工程地质分类的理论与实践[C]. 北京:地震出版社,2000.

[68] D G 弗雷德隆德,H. 拉哈尔佐．非饱和土土力学[M]．北京:中国建筑工业出版社,1997.

[69] 李广信．高等土力学[M]. 北京:清华大学出版社,2004.

[70] 沈珠江．当前非饱和土力学研究中的若干问题[C]//区域性土的岩土工程问题. 南京:原子能出版社,1996.

[71] 龚壁卫,等．南水北调中线工程中的膨胀土研究[J]．人民长江,2001,32(9):9-10,17.

[72] 雷志栋,杨诗秀,谢森传．土壤水动力学[M]．北京:清华大学出版社,1988.

[73] 高春华．含水量对膨胀土强度影响的试验研究[J]．河北建筑科技学院学报,2004,21(2):29-32.

[74] 缪林昌,殷宗泽,严明良．膨胀土边坡稳定中的吸力预测[J]．水利学报,1998(7):46-49.

[75] 缪林昌,等．南阳膨胀土的水分特征和强度特性研究[J]．水利学报,2002(7):87-92.

[76] 郭璇,赵成刚,于威威．非饱和土边坡稳定的安全分析及进展[J]．中国安全科学学报,2005,15(1):14-18.

[77] 赵慧丽．降雨对土体边坡稳定性的影响[J]．铁道标准设计,2005(3):18-20.

[78] 谭新,陈善雄,杨明．降雨条件下土坡饱和－非饱和渗流分析[J]．岩土力学,2003,24(3):381-384.

[79] 姚海林．考虑雨水入渗影响的膨胀土边坡稳定性分析[D]．武汉:中国科学院武汉岩土力学研究所,2000.

[80] 陈善雄,陈守义．考虑降雨的非饱和土边坡稳定性分析方法[J]．岩土力学,2001,22(4):447-450.

[81] 陈善雄,陈守义．降雨条件下土坡水分运动数值模拟[C]//第6届全国岩土力学数值分析与解析方法讨论会．广州:广州广东科技出版社,1998.

[82] Alonso, Delage. (Eds.). Unsaturated soils proceedings of the first internation conferenceon Arid soil[C]. Paris, 1995.

[83] 彭思甜,等．改善膨胀土性能的固化剂试验研究[J]．西部探矿工程,2004,16(6):15-17.

[84] 雷胜友,等．固化液改良膨胀土性能的试验研究[J]．岩土工程学报,2004,26(5):612-615.

[85] 李凡,等．锚杆在膨胀土滑坡治理中的应用[J]．土工基础,2002,16(4):24-26.